Menneskerettigheter og etikk:
En dokumentasjon
av et møte med helsevesenet

Christian P. Grimshei
med Linda Hansen og Hege Kruse

© 2006 Christian P. Grimshei. Oslo Norway

Lulu Press, Inc

Stekevirkelighet.com

Fryreality.com

Bloggerforum, design- og nettsidekonsulent

Takk til Athique for nettsidekoding

Logo og figur 1 av Phelsior

Boka er tilgjengelig blant annet hos amazon.co.uk, amazon.com og lulu.com Engelske distributører som sender til norske bokhandlere: Bertram Books og Gardners Books. Boka kan også bestilles direkte fra Lulu Press. Digital utgave er tilgjengelig hos lulu.com

ISBN 978-1-84728-895-0

Meny

Forrett 7

Såre 15

Steke 47

Ete 67

Dessert 171

Skader ved ensidig belastning, ved for eksempel databruk,
er et sterkt økende problem

I USA antar man at over 50 % av alle utgifter til arbeidsskader på
arbeidsplasser med mye ensidig arbeid er relatert til arbeidets form

I Norge er kunnskapen om denne typen
skader, og relaterte diagnoser, svært lav

Resultatet er ofte at smertene ses på som et psykisk problem,
med det resultat at man feilbehandler og forverrer skadene

Mens 30 % av sykefraværet i USA er relatert til muskel- og skjelettlidelser er
den tilsvarende andelen i Norge nesten 50 %

(Kilder: Se side 179)

Forrett

Han smalt igjen dørene bak meg. Hendene mine ristet og hjertet ville ut av brystkassa.

- Du så hva som skjedde, kan du vitne? Den gamle mannen sank ned i sofaen og blikket forsvant bort og ned. Jeg trakk mobilen opp fra lommen.

- Ja, så jeg må altså komme ned til dere og anmelde forholdet? Jeg ringte et annet nummer.

- Nei, det er fakta, sa jeg. Han kastet meg fysisk ut og sa han skulle sørge for at jeg aldri skulle få en lege i bydelen etter dette... Lege Gunnar Bendiksby, ja.

Ti minutter senere kom faren min inn døra.

- Sønnen min sier du kastet ham ut da han stilte noen spørsmål om hjelpeordninger. Du sa han var trygdesnylter.

Der stod vi og skrek til hverandre til min far nevnte noen navn i helsedepartementet. Da ble det stille i det store rommet. Legens blodårer stod fortsatt illrøde ut fra halsen. Håndleddet mitt var ømt etter legens raske, kraftige hånd.

Mens jeg skriver dette skjelver hånden og jeg har problemer med å se teksten. Øynene er fylt av væske. Det ligger dopapir i og rundt søppelkassa, våte etter turer innom ansiktet. Spasmer kommer og går i armer og skuldre. Dette skjer alltid når jeg skriver mer enn noen setninger.

Jeg har blitt utsatt for nesten alle former for overgrep i helsevesenet: Fysisk og verbal vold, matmangel, brudd på taushetsplikt og så videre. Dette er grundig dokumentert i boka. Flere ganger har slike episoder blitt utelatt fra journaler og rapporter. I mange år brukte jeg alle kreftene mine på å prøve å håndtere disse episodene på helsesystemets premisser. Nesten all tid gikk med på møter, søknader, klager, utredninger og så videre. Jeg opplevde ofte at leger og andre var lite interessert i min versjon om hva som hadde skjedd. En kronisk syk person har lite å stille opp med i slike situasjoner. En dag kunne bydelen fjerne all hjelp hvis jeg ikke "samarbeidet". Jeg har en sykdom som kalles Kronisk Myofascielt Smertesyndrom (Chronic Myofascial Pain Syndrome). Jeg bruker betegnelsen MPS senere i boka. Det er en nevromuskulær sykdom som er lite kjent i Norge. Symptomene er blant annet store smerter og spasmer. I år 2002 var det åpenbart at jeg hadde en alvorlig form av denne sykdommen. Men allerede i 1999 skrev Statens senter for logopedi at jeg sannsynligvis hadde en sjelden somatisk sykdom. Jeg kunne ikke fortsette å være "snill gutt" i et system der jeg ikke kom noen vei. Var angrep det beste forsvar? Handlet dette om å spise eller bli spist? Jeg begynte å samle på notater og brev. Jeg var så syk at jeg ikke trodde at jeg kunne skrive en bok om det jeg hadde opplevd.

Men kanskje noen kunne ta over og skrive ut lappene med stikkord? Et av de første avsnittene jeg skrev lød som følger:

Jeg er redd. Jeg er forbannet. Jeg er sjokkert. Jeg er fortvilet. Det føles som stekt virkelighet.

Snart kunne jeg arbeide i sengen. Stemmen ble bedre uten alle møtene. Jeg kunne ta imot vennebesøk og skrivehjelp. Etter hvert som jeg arbeidet kom selvtilliten tilbake. Fem sider ble til ti. Ti sider bli til femti. Jeg følte meg ikke lenger maktesløs.

En av de mest oppsiktsvekkende opplysningene i boka er at høyt ansatte fagpersoner i helsevesenet bruker diagnoser for å berettige tiltak som de vet (eller burde forstå) bryter med menneskerettighetene. Diagnoser kan ikke berettige overgrep. De fleste og verste overgrep skjer sannsynligvis mot de som har minst mulighet til å forsvare seg, for eksempel demenspasienter uten nettverk. Følgelig er det minst sannsynlig at samfunnet får kjennskap til de verste overgrepene. Allikevel dukker slike historier ofte opp i media. Et eksempel på et slikt oppslag, der en pasient døde, har jeg gjengitt i avsnittet "Rettssikkerhet – bare for de snille?". Det er i det siste kapitlet i boka. Ut fra overstående resonnement kan vi logisk anta at mørketallene for overgrep i helsevesenet er meget høye. Er det blitt slik i det norske samfunn at vi ikke klarer å beskytte mange klienter mot brudd på menneskerettighetene? Hvordan kan vi be andre land overholde menneskerettighetene hvis vi ikke gjør det selv? Tidligere har FN kritisert Norge for blant annet vår varetektspraksis. Er brudd på grunnleggende rettigheter verre når de blir utført i en udemokratisk stat enn hvis de skjer som en inngrodd del av en velferdsstat? Er det mulig at mange menneskerettighetsbrudd i Norge er av en annen karakter enn i andre land, og dermed vanskeligere å se?

Flere personer i helsevesenet var informert om de brudd på menneskerettighetene som foregikk hjemme hos meg og da jeg var på sykehus. Hvilket ansvar hadde disse for å få meg ut av overgrepene eller gi beskjed til de som har myndighet over de som utførte overgrepene? Generelt tenker vi ofte at de som ikke gjør noe er fritatt ansvar. Etisk sett er dette ikke riktig. Å ikke gjøre noe er også en handling: Man velger å ikke involvere seg. Årsakene er nok mange. Hvis en helsearbeider skal gjøre noe for en pasient i en akutt situasjon må han/hun blant annet gjøre følgende:

1. Avlyse timer som er satt opp med andre pasienter.

2. Snakke med en overlege. De er ofte ikke lette å få tak i. Min fysioterapeut brukte svært mye ulønnet tid på å prøve å få tak i leger og andre helsearbeidere. Hvis man setter seg opp mot en overlege kommer man selv i en utsatt posisjon som vil kreve tid og ressurser.

3. Tenke på egen helse. Mange helsearbeidere er slitne av vanlige arbeidsdager med vanlige problemer. Når jeg ringer og forteller om hva som skjer må de også tenke på egen helse: Hva vil det kreve av dem hvis de velger å involvere seg? Orker de en konflikt med et stort sykehus eller en bydelsoverlege som kjenner svært mange maktpersoner i helsevesenet og det politiske system?

Hvordan kan helsearbeidere lettere sikre rettighetene til sine pasienter? Jeg antyder noen mulige svar senere i boka.

Mange hendelser jeg har opplevd er ikke brudd på menneskerettigheter. Men etisk og faglig sett er de uforsvarlige. Et eksempel oppdaget jeg da jeg fikk journalen fra min gamle lege. Der sto det at jeg hadde en diagnose og at den kom fra Sunnaas sykehus. Men i epikrisen fra Sunnaas sykehus står det en annen diagnose med helt andre behandlingsimplikasjoner. Legen min fortalte aldri hvilken diagnose som nå var hans utgangspunkt for behandling av meg. Et uoffisielt muntlig diagnoseforslag ble altså rammen for mitt liv. For å gjøre forvirringen total meddelte en person fra Sunnaas sykehus at jeg ikke bare hadde denne diagnosen, men også en annen. Dette ble sagt direkte til meg på samme tid. Ifølge internasjonale diagnosemanualer brukt i Norge er det ikke mulig å ha disse diagnosene samtidig. Etter at bydelen så et utkast av denne boka endret de mening om min diagnose. Da skrev de at jeg hadde MPS. Min fysioterapeut og jeg kunne dokumentere god effekt av behandling basert på denne diagnosen. Dessverre var bydelen ikke enige med oss da vi leverte en rehabiliteringsplan basert på denne behandlingen. Det virker som vi burde levert et bokutkast istedenfor en rehabiliteringsplan.

Dette er ikke bare en bok om overgrep og etikk, men også om overlevelse. Leseren får et innblikk i hvordan man kan komme gjennom kriser i livet. For eksempel har jeg beskrevet et forsøk på å ta opp studiene igjen og problemene med å få tak i en fastlege som ville og kunne høre på meg i mer enn 15 minutter. I denne boka legger en pasient frem sitt perspektiv, og er ikke fullt ut forsvarsløsløs ovenfor helsearbeideres overgrep, hastverksarbeid eller bevisste forvrengning. Jeg lever i slike menneskers makt nå, i en nesten uutholdelig verden uten det de fleste ser på som grunnleggende for et verdig liv. I mange år var jeg meget isolert. Når folk kom på besøk hadde jeg ikke stemme etter alle møtene. Dermed fikk jeg færre og færre besøk. Jeg klarte ikke å komme meg ut av leiligheten uten hjelp. Etter hvert ble tilværelsen mer og mer isolert. Mange trekker seg unna kronisk syke. De fleste i min familie gjorde det i en periode. Jeg så ikke venner eller familie på over 18 måneder. Det var veldig trist, men forståelig. Når man opplever det vi har gjort kan det til slutt bli et valg om ett eller flere liv skal bli ødelagt. Men det er mulig å hjelpe uten å utsette seg selv eller den syke for mer skade. Det viktigste er å sette grenser for hva man selv vil gjøre. Samtidig er det viktig å ikke gjøre noe den syke ikke ønsker. Pårørende kan reflektere over en rekke problemstillinger underveis i boka: Hva betyr det å hjelpe en annen person? Hva ville du gjort hvis din sønn eller bror ble så syk? Kan en handling defineres som hjelp hvis den utføres mot en rasjonell persons vilje? Mange ganger har folk sagt at de skal hjelpe meg. Ofte har resultatet blitt at de har presset frem egne ideer om hvordan jeg burde bli frisk. Det er ikke noe som har brutt ned selvtilliten min mer enn slik "hjelp". Da jeg ble syk tok folk meg som regel alvorlig. Men desto sykere jeg ble, desto mindre ble mine oppfatninger tatt hensyn til.

I lang tid tenkte jeg på hvordan jeg kunne utforme boka. Dikt eller brev og dokumenter? Eller en blanding der også noveller var inkludert? Sistnevnte var fristene fordi virkeligheten jeg ønsket å beskrive er så skremmende at en uvanlig sjangerblanding kan forsterke effekten av innholdet. Til slutt valgte jeg å forme boka etter brev og originale dokumenter. Fordelen med dette er at boka har blitt en dokumentasjon som kan være en spire til en forandring av helsevesenet.

Originale løsninger var sentrale da vi skrev boka. Jeg har problemer med synet, må ligge mesteparten av tiden og kan taste lite. En av løsningene var en stor skjerm som faktisk står på en planke, slik at den stikker 50 cm innover sengen på mitt kontor. Etter kjøpet av skjermen hadde jeg ikke råd til mat på over en måned. Måltidene bestod hovedsakelig av hermetikk. Jeg kan bare lese litt av gangen. Ofte leste andre for meg, men jeg har også programmer som kan lese opp dokumenter direkte fra PC-en. Jeg ga jevnlig tilbakemeldinger om hva som skulle endres eller legges til. Dette skjedde med en diktafon fordi jeg har begrenset evne til å prate lenge av gangen. I en periode hadde jeg en engelsktalende assistent. Han tastet allikevel norske dokumenter, som deretter ble rettet av andre. Linda Hansen pendlet i en periode fra Ski fordi hun visste hvor krevende det ville være for meg å bytte sekretær. Hege Kruse pusset på språket på en annen PC fordi skjermen hos meg ikke var egnet for henne. Olga Plehanova, Unn Mette Andersen, Asle Skredderberget, Henrik Grimshei,

Mona Hansen og Alexander Faaberg hjalp også til med korrektur og lignende oppgaver.

Noen personer har jeg anonymisert. Dette er mennesker som har en perifer rolle i boka eller som jeg ønsker å beskytte. Disse har kun fornavn i boka. Det vil si at alle personer med fornavn og etternavn er reelle. Jeg refererer alltid til meg selv som Christian P. G. Dermed kan jeg ikke forveksles med en anonymisert person. Jeg vurderte lenge å anonymisere alle personene i boka. Men uten navn blir boka en samling diffuse historier. Med navnene inkludert blir hendelsene mer virkelige: Dette er hendelser der konkrete personer har tatt avgjørelser. Et problem i helsevesenet er at folk ofte handler på vegne av et system. De gjør det de får beskjed om eller det de har lært gjennom institusjonskulturen. Det er nettopp slike faktorer jeg ønsker oppmerksomhet om. Alle har et etisk ansvar for sine handlinger, også de som arbeider i helsevesenet.

Jeg har en kasse med notatbøker og over et dusin permer med rapporter og lignende. Alt kunne naturlig nok ikke komme med i boka. Det er et subjektivt utvalg. Men jeg har ikke laget et skjønnhetsbilde av meg selv. Både usaklige og saklige rapporter har jeg vært nødt til å la ligge. Noen rapporter med alvorlige konsekvenser har jeg tatt med. Disse rapportene er gjengitt nøyaktig. I mine notater og brev er noen setninger forenklet, lagt til eller tatt bort for å forbedre språket. Meningsinnholdet er ikke forandret. Referater fra møter har blitt skrevet slik at de er forståelige i skriftlig form. Jeg har beholdt originaler slik at ettersjekk er mulig. Jeg har skrevet kommentarer der det er nødvendig. **De er utformet på denne måten med tjukk skrift.** Men jeg har ikke kommentert alle feil og hvert eneste brudd på menneskerettighetene. Det ville blitt alt for mange kommentarer og jeg vil gjerne at leseren skal reflektere over hva som skjedd. Det er nettopp en slik etisk refleksjon jeg tror er nødvendig, både blant helsearbeidere og andre, for at vi skal ha et fornuftig samfunn.

Kronisk syke blir ofte behandlet på en meget nedverdigende måte. For eksempel ble jeg bedt om å gå i ring i underbuksa i 20 minutter av en massør. En annen gang ble jeg skjelt ut fordi jeg ikke klarte å sitte oppreist i 30 minutter. Men noen har sett på meg som et likeverdig individ. Disse har betydd mye for meg: Linda og Mona Hansen, Geir Storsveen, Torbjørn Brekke, Olga Plehanova, Elin Ringstad Halvorsen, Gunnar Andersen, Marianne Hellstrand og flere assistenter. Mamma har slitt like mye som meg gjennom dette. At vi har klart å tilgi hverandre og bli venner igjen er en like stor seier for oss begge.

Såre -

Veien inn i helsevesenet

Men i Norge bruker vi ikke den diagnosen
Sier hun

Jeg skriver myalgi
Sier hun

Smerter i armene, skrevet til legen min i 1999

I 1994 begynte jeg å lage musikk i et eget studio med blant annet en PC. Det første jeg kjente av problemer var at jeg fikk vondt i høyre underarm og på undersiden av albuen. På denne tiden satt jeg i en kald kjeller på en dårlig trestol og jobbet med en liten bærbar PC. Den julen dro familien og jeg på skiferie. Jeg trodde armen ville bli bra av denne hvilen. Det skjedde ikke, og jeg begynte å bruke venstre arm mer.

Jeg trodde ikke jeg kunne få smerter i den andre armen også, men det fikk jeg. På samme tid jobbet jeg på samlebåndsmanér med akkordbetaling. Jeg tjente gode penger i denne jobben og sluttet ikke før jeg hadde hatt vondt i lang tid.

Jeg gikk til en lege og fikk rekvisisjon til fysioterapeut. Etter tolv behandlinger var det ingen bedring, og fysioterapeuten sa at det ikke var mer å gjøre. Jeg hadde ikke vært i kontakt med helsevesenet på mange år. Jeg bestilte ny time hos legen, blant annet for å få informasjon om støtteordninger, videre muligheter og så videre. Min ordinære lege var opptatt, derfor fikk jeg time hos hans kollega på deres felles legesenter. Dette endte med at legen kastet meg fysisk ut av kontoret, mens han skrek at det ikke var noe galt med meg fordi jeg håndhilste på ham da jeg kom. Jeg måtte ikke tro at jeg "bare kunne komme dit og lure meg til masse penger".

Jeg søkte etter hvert alternativ behandling. De hadde en psykisk tilnærming. Jeg ble ikke bedre. Etter hvert forverret symptomene seg. Jeg prøvde å unngå store smerter i armene, men dette var vanskelig fordi smerten ofte kom etter aktiviteten. Jeg sluttet å kjøre bil, jobbe i studio og handle/lage mat. Jeg fortsatte å holde konserter en stund til (jeg stod ved et keyboard og en lydmikser) fordi det var min viktigste inntekt. Da det også ble for ille sluttet jeg. I mange år klarte jeg meg med foredragsoppdrag og ved hjelp av min mor

og min samboer. Jeg brukte knokene og albuen så ofte jeg kunne.
Symptomene var stabile i månedsvis. Så ble de verre på grunn av spesielle
hendelser, for eksempel eksamener og årlige regnskapssorteringer.

Jeg burde nok ha redusert aktiviteten til et nivå der jeg sjelden fikk vondt. Men
jeg hadde lite kunnskap om sykdommen, og kontakten med helseapparatet ga
ingen hjelp. Flere sa jeg burde ikke fokusere så mye på smerte. I ettertid ser
jeg at problemet nok er motsatt, jeg har ikke vært sensitiv nok overfor
kroppens smertesignaler. Jeg har drevet med idrett på høyt nivå og er vant til å
tåle mye smerte. Det var ikke lett å be de nærmeste om å gjøre enda mer når de
allerede gjør svært mye. Slik lå jeg hele tiden på etterskudd i forhold til
symptomene mine.

Jeg har vært på NIMI (regelmessig veiledet trening i seks måneder). Jeg har
tatt røntgen, MR, blodtester og så videre. Jeg tar nå vitaminer, mineraler,
kosttilskudd og homøopatiske midler som skal styrke kroppen. Jeg spiser en
diett med mye råkost og renset vann. Strekkøvelser, balløvelser og meditasjon
hører til dagens rutine. Ergoterapeut er kontaktet og har vært på hjemmebesøk
for å finne stol, bokholder og bladvender samt et kommunikasjonsmiddel
tilpasset meg og min situasjon.

**Det er lett å forstå at kroppen ikke tåler et ubegrenset antall
tunge belastninger. Når vi bærer ved merker vi etter hvert at
kroppen blir sliten og trenger en pause. Små gjentatte
bevegelser, f. eks. ved en PC, gjør også kroppen sliten.
Kroppen har grenser for hvor mange små belastninger den
kan tåle. Denne konklusjonen er ren logikk. Alternativet er å
anta at kroppen kan gjøre et uendelig antall små bevegelser.
Få vil kjøpe denne antagelsen. Menneskets miljø gjennom**

historien har vært av en slik art at de med evnen til å gjøre tungt og fysisk arbeid har overlevd i større grad enn andre. Evnen til å gjøre mange små bevegelser har ikke vært like viktig. Oppgaver som krevde denne typen ferdigheter var få, og vår evne til å merke grensene for overbelastninger av denne typen ble dårlig utviklet. Det var viktigere å kunne merke at man trengte hvile når man var andpusten.

Med den industrielle revolusjon begynte vår interaksjon med miljøet å forandre seg totalt. Det er først i de senere år man har begynt å få en forståelse av noen av de skadene som kan oppstå i vårt moderne miljø. I avsnittet "Skader etter ensidige belastninger", i det siste kapitlet, tar jeg opp mange begreper og teorier som finnes. Her er det tilstrekkelig å fastslå at det er et av de mest uavklarte områdene i medisinen. Det interessante er at selv i et så komplisert felt kan en pasients mening om en behandling tillegges liten vekt. Etter hvert ga en spesiell behandling bra resultater for meg. Men den passet ikke inn i helsearbeidernes syn på riktig behandling av en med mine symptomer. Dermed møtte jeg sterk motstand. Det skulle ikke være mulig. For eksempel ble det ofte antydet at hvis jeg kan utføre en handling én gang burde jeg kunne utføre den mange ganger. Hvis man kjenner til reumatikeres problemer vet man at dette ikke alltid er riktig. Konklusjoner ble ofte trukket på bakgrunn av at en behandling ikke fungerte. Det blir som å si: "Jeg kan ikke finne bevis for at du er lovlydig, altså må du være kriminell". Det kan virke som helsevesenet er ideologisk orientert, pragmatikk er ikke viktigst. Å opprettholde en idé om hvordan jeg burde bli frisk er viktigere enn noe annet, også menneskerettigheter. Dette møter vi gang på gang i boka.

Til stemmepedagog Ragnhild Skard, 21. april 1999

Høsten 1998 gikk jeg til anskaffelse av et såkalt talegjenkjenningsprogram til PC-en. Slik kunne jeg jobbe mer effektivt med hovedoppgaven i psykologi (jeg går på profesjonsstudiet). I desember kjente jeg irritasjon i halsen etter en dag foran PC-en. Jeg slappet av i jula og regnet med at det skulle gå over. Men det kom tilbake. Etter hvert skjønte jeg at det ikke ville bli bedre av seg selv. Jeg gikk derfor til dr. Ulf Zätterstrøm ved Røde Kors (legegruppen). Ulf Zätterstrøm så ned i halsen og sa jeg hadde små knuter på stemmebåndet. Det ville gå over på noen uker hvis jeg pratet lavere, sluttet å kremte og ikke overbelastet stemmen for mye. Jeg skulle holde et foredrag uka etter og lurte på om jeg kunne gjøre det. Ulf Zätterstrøm sa at det var ok. Ukene gikk og jeg ble ikke bedre. Den 31. mars søkte jeg på internett etter "voice nodules". Flere universitetsklinikker med stemme som spesialitet oppgir at knuter som oftest tar måneder å bedres og bare hvis man hviler stemmen fullstendig. Etter dette har jeg fulgt dette rådet (i tre uker nå).

Jeg fikk problemet på en spesiell måte ved å anstrenge stemmen min da jeg snakket til en datamaskin. Det vil si at det ikke er noe galt med min stemmeproduksjon i vanlige situasjoner. Jeg kan snakke nå, med helt normal stemme, problemet er at det gjør vondt.

Min samboer sa at din undersøkelse i stor grad er basert på at klienten snakker. Det vil ikke være bra for mitt problem ut fra den informasjonen jeg har. Jeg har klart å "holde munn" i tre uker og vil prøve det i fem uker til for å se hvordan denne tilnærmingen virker. Hvis du på bakgrunn av dette ikke ser poenget med at jeg kommer til deg på fredag er det ok. Jeg kommer gjerne, men ønsker altså ikke å bruke stemmen.

Hvis jeg ikke blir meget bedre i løpet av de neste fem ukene er jeg selvfølgelig klar for å prøve noe nytt.

Vennlig hilsen,

Christian P. G.

Til stemmepedagog Ragnhild Skard, ca. 22. april 1999

Takk for en hyggelig melding. Det du sier høres for så vidt betryggende ut, men jeg er kjempefrustrert fordi jeg synes rådene jeg sendte til deg og det du sier spriker. Det er vel grunn til å tro at det disse klinikkene sier ikke har mindre forskningsmessig belegg enn din tilnærming. Hvis det som klinikkene sier er riktig vil det å bruke stemmen nå kunne sammenlignes med å begynne å gå for tidlig på et brukket bein. Det kan godt tenkes at din tilnærming virker på meg. Men hvis ikke har de tre ukene jeg nå har vært igjennom vært til ingen nytte. Da må jeg begynne på nytt, og det er en stor påkjenning. Årsaken til skaden er jo borte, jeg snakker ikke lenger til datamaskinen. Det å lære å snakke annerledes vil sikkert være bra både for meg og for andre for å forebygge nye problemer. Men hvordan kan det kurere? Det forstår jeg ikke helt.

Beklager at jeg er en "dårlig pasient", men dette er veldig viktig for meg.

Vennlig hilsen,

Christian P. G.

Jeg gikk til behandling hos denne stemmepedagogen i noen måneder. Stemmen min ble ikke bedre, men verre. Stemmepedagogen innkalte meg og ønsket at min mor og min samboer skulle være tilstede. På dette møtet sa hun at hun hadde tenkt mye over min situasjon. Jeg er omringet av sterke kvinner, sa hun. Jeg hadde sannsynligvis fått for lite omsorg i oppveksten, og det var nok en av hovedårsakene til

min sykdom. Samboeren min ble meget overrasket over denne konklusjonen. Jeg var enig og skjønte lite av hva stemmepedagogen snakket om. Vi hadde tross alt aldri snakket om min barndom eller oppvekst, bortsett fra at jeg hadde idrettsbakgrunn. Jeg syntes det var en så rar konklusjon at jeg ikke tok den alvorlig. Men jeg skulle senere forstå at denne situasjonen hadde langt større påvirkning på min mor, og at det sannsynligvis førte til en ansvarsfølelse for min sykdom.

Kommentar fra Christian P. G. etter møte med dr. Ulf Zätterstrøm, 14. juli 1999

Jeg er enig med Ulf Zätterstrøm når han sier at det psykiske er en del av årsaken til at jeg har fått problemer. Jeg er konkurranseorientert og kan presse meg for mye av og til. Men det er langt fra dette til å hevde at det psykiske opprettholder problemet, og at jeg ikke har fått en fysisk skade. For å illustrere: En fallskjermhopper knekker benet. Man kan gjerne si at det er psykiske årsaker til at dette skjedde (spenningssøking), men benbruddet er ikke psykisk. Det kan ikke leges med samtale. Problemet er at det ikke er lett å se "bruddet" jeg har i armene og i halsen. Derfor er det enkelt å si at løsningen er psykologisk.

Ulf Zätterstrøm sa at jeg ikke snakker riktig. Men det stemmer ikke overens med det Ragnhild Skard sa. Hun fortalte at stemmeproduksjonen min var fin. Hun mener også at problemet er psykologisk, men på en annen måte. Ulf Zätterstrøm sa at jeg strammer muskler og at det gir smerter. Dette er en slutning han må gjøre ut fra sin forståelse. Men det er ikke logisk hvis man tar hensyn til alle faktorene. Legg også merke til at han sa at jeg går rundt problemet og at jeg må forberede meg på å snakke om det. Det han mener er at samtaleterapi vil løse problemet. Jeg er enig i at det psykiske er bra å jobbe med for å unngå nye problemer. Men hvis skaden har et fysisk grunnlag kan selvfølgelig ikke samtale helbrede, men derimot gjøre det verre (på grunn av stemmebruken).

Han sa at artikkelen om skader etter bruk av talegjenkjenningsprogram "er det jeg snakker om". Dette er retorikk. Han så ikke på artikkelen i mer enn få sekunder. Verken i denne artikkelen eller i noe annet vi har funnet står det at løsningen ligger i psykoterapi alene.

Hvis Ulf Zätterstrøm har rett vil jeg kunne snakke meg frisk av armproblemene også – vi vet at det ikke er mulig. Jeg har prøvd svært mange behandlingsformer for å bli bedre i armene. Mange av disse har innholdt samtale som et viktig element.

Ulf Zätterstrøm høres svært overbevisende ut med sin legefrakk og autoritære stemme, men det betyr ikke at han har rett. Ut fra hans ståsted må det være slik han forklarer det. Men det han gjør er å bruke et felt som er utenfor hans eget (psykologi) til å forklare noe han ikke kan forklare medisinsk (smerten). For å få til dette finner han på de muskulære spenningene som han mener jeg har. Og han husket til og med feil fordi det passet bedre med hans versjon. Han mente at jeg ikke hadde hatt noen fremgang hos Ragnhild Skard. Hun sier jeg har god stemmeproduksjon og finner ingen spenninger. Man kan selvfølgelig si at det er spenninger man ikke kan se eller føle, men da begynner det å bli temmelig "far fetched".

I psykologien kaller man fysiske plager eller smerte som har psykisk årsak (i betydning opprettholdene mekanisme) for somatisering. Plagene blir borte hvis man løser det psykiske problemet. Men stress i betydningen overarbeid eller "for mye å tenke på" blir ikke ansett for å kunne være et problem som gir en somatisering. Det er psykiske konflikter som er årsaken til somatisering. Det kan være traumer i barndommen, sekundære gevinster (som for eksempel å slippe å jobbe) og så videre. Slike faktorer har ikke Ulf Zätterstrøm eller Ragnhild kompetanse til å uttale seg om. Psykologi det ikke er deres felt. Men det er en grei forklaring når man ikke vet bedre.

Jeg skrev dette brevet til mine nærmeste. Det var et forsøk på å forklare hvordan jeg ser på min egen situasjon, spesielt forholdet mellom psykologi og fysiologi. I perioden før jeg ble syk ble jeg som regel tatt alvorlig i jobbsammenheng. Jeg

holdt blant annet foredrag på store konferanser. Derfor trodde jeg at jeg også denne gang kunne nå fram med argumentasjon. Det skulle vise seg å være feil. Doktorers mening og autoritet betyr svært mye. Ulf Zätterstrøm ønsket at jeg skulle gå til en psykolog. I og med at jeg er nesten ferdig utdannet psykolog har jeg stor tro på psykologiens betydning. Jeg ville derfor selvfølgelig snakke med psykologen. Etter kun én times konsultasjon kom han til at jeg muligens var psykotisk. Etterpå fikk jeg vite at det delvis var med bakgrunn i samtaler med Ulf Zätterstrøm som ikke fant noen fysisk forklaring på mine symptomer. Denne konklusjonen gikk svært hardt inn på mor. I ettertid har jeg tenkt at det hadde vært bedre om hun ikke hadde fått vite noe. Men jeg syntes konklusjonen var så innlysende feilaktig at jeg trodde hun ikke ville ta den alvorlig. Jeg glemte at de fleste kun tenker at en psykose er en svært alvorlig psykisk lidelse og at de har lite kunnskap om hvordan slike mennesker oppfører seg. Dessverre var det rett etterpå at Statens senter for logopedi kom til at behandlingen jeg hadde fått av Ragnhild Skard hadde vært feil. De konkluderte med at jeg har en stemmeskade som er meget uvanlig. Den er forårsaket av anstrengende stemmeproduksjon ved bruk av et stemmegjenkjennings-program på en PC. Etter dette gikk jeg til en annen psykolog. Hans konklusjon var at jeg var psykologisk frisk, men at jeg trengte mer hjelp enn det jeg til nå hadde fått.

Til dr. Daoda Ousmane, 2. mars 2000

Jeg har mottatt svar på søknaden om personlig assistent fra bydelsoverlegen. De vil ha mer dokumentasjon fra spesialister i Norge. Jeg har tidligere brukt en spesialist på NIMI, dr. Mons. Med uttalelsen fra dr. Ivonna kan nok dr. Mons beskrive tilstanden min slik at bydelsoverlegen kan akseptere det. Videre har vi en vurdering fra en ØNH-spesialist, samt uttalelsen fra Statens senter for logopedi. Begge er spesialistuttalelser om min stemmeproblematikk. Snart mottar jeg rapporten fra Mary i Canada. Den vil bli gitt til bydelsoverlegen.

Konklusjon: Kan du vennligst sende en henvisning til dr. Mons, spesialist på NIMI, Ullevål?

Vennlig hilsen,

Christian P. G.

Vedlegg:

1. Dr. Ivonnas rapport
2. Bydelens svar på søknaden om personlig assistent

Til dr. Daoda Ousmane fra min mor, 16. mai 2000

Jeg må si at jeg er skuffet over ansvarsgruppa. Hva har de oppnådd? De sa at de skulle avlaste meg. Ergoterapeuten fungerer bare delvis. Hun bruker først flere måneder på å komme til frem til en søknad som blir avvist av HMS (Hjelpemiddelsentralen i Oslo). Avgjørelsen forbauser henne ikke engang, selv om den åpenbart er gjort på feilaktig grunnlag. Hun tilbyr ikke hjelp for å rette opp fadesen og hører ikke fra seg når Christian P. G. straks etter avslaget sender henne en anmodning om å søke etter en annen stol.

Den psykologiske sykepleieren som skulle støtte Christian P. G. har opptrådt som en støtte for ergoterapeuten mot Christian P. G. Til tross for at du på ansvarsmøtet avviste at Christian P. G. skulle til psykolog, presset sykepleieren på akkurat dette i et møte. Det hører ingen steder hjemme!

Da vi fikk anmodning fra bydelsoverlegen om å skaffe tilveie uttalelser "fra det norske spesialiserte fagmiljøet", startet en rekke problemer for oss. Jeg ble avvist, henvist og tåkete forklart for før jeg etter direkte spørsmål til bydelsoverlegen endelig forsto hva han ville ha. Spesialisterklæringer vegrer alle spesialister seg for å skrive – det tar minst et halvt år hos hver av dem. Og når man stiller med utenlandske rapporter blir man nesten uglesett.

Christian P. G. vil bruke så kort tid som mulig for å bli frisk og deretter fullføre studiene og komme i arbeid. Man får til tider inntrykk av at regelverket/bydelen bare vil legge hindringer i veien. Jeg sier som den spesialisten som lå på sykehuset med feiloperert galleblære og nesten døde; "Hør på pasienten og ta ham alvorlig". Heldigvis er du en av dem som har betydd mye i denne verste perioden. Christian P. G. måtte gjennom et langt førstegangsbesøk hos en ny psykolog. Dette innebar mye miming som har brakt ham et ukjent antall uker tilbake i bedringsprosessen. Stemmen og musklene rundt er så svake at de må øves opp sakte.

Christian P. G.s mor

Dette brevet illustrerer godt den frustrasjonen vi opplevde i denne perioden. Det skulle vise seg å være en liten forsmak på hva som skulle komme.

E-post til dr. Vegard, 9. februar 2001

Vi kontakter deg etter å ha snakket med Christer i Tromsø. Årsaken til at vi snakket med ham er at vi er på jakt etter erfarne behandlere av MPS. Christian P. G. (Nora skriver dette) har hatt skader i underarmene i seks år, og i overarmene og nakke i ett år.

Utredninger hos leger og behandling hos fysioterapeuter, naprapat og klassisk akupunktør har ikke gitt resultater. Flere har oppfordret til fysisk trening, noe som har forverret tilstanden. For ca. en måned siden kom vi i kontakt med Beate i Slemmegård. Hun har gått på kurs hos deg i Travell-metoden for MPS-behandling. Christian P. G. går nå til henne to ganger i uka og har merket bedring, særlig i overarmene.

Vi er begge snart ferdig utdannede psykologer. Christian P. G. har gjennom de siste seks årene lest mye litteratur om belastningsskader. Årsakene til at skadene har kommet er nok relatert til mange ensidige belastninger. Christian P. G. har lest Travell og Simons bok. Det som står der stemmer med de erfaringene han har gjort gjennom disse årene.

Det er først og fremst en lettelse å ha funnet den sannsynlige årsaken til at Christian P. G. har blitt så dårlig. Samtidig er det fryktelig trist at han ikke har fått riktig behandling tidligere. Mange har utgitt seg for å være kjent med Travells manual, men det har ikke vært tilfelle. Det forstår vi nå etter å ha lest den. Christian P. G. har fått behandling som Travell advarer mot. Beate kombinerer prinsipper fra Travell-metoden med klassisk akupunktur. Hun har ikke jobbet systematisk ut fra Travell, og har heller ikke erfaring med pasienter som er så skadet.

Vår henvendelse til deg gjelder derfor om du har mulighet til å hjelpe oss å finne mer erfarne behandlere i Oslo-området. Vårt viktigste mål er nå å få tak i noen som kan Travell skikkelig og har erfaring med kronisk MPS.

Med vennlig hilsen,

Christian P. G. og Nora

Vi klarte ikke å finne en behandler med stor kunnskap om kronisk MPS i Oslo-området. Rett etter dette dro min samboer og jeg til USA. Det er blitt skrevet en amerikansk rapport om meg der MPS er sentralt. Den er vitenskapelig og lang. Jeg har derfor lagt den til slutt i boka. Dermed kan de med spesiell interesse se på den. Vi fikk svært gode resultater av en behandling som ble utformet med utgangspunkt i MPS (se rehabiliteringsplanen i kapittelet kalt "Ete").

I brevet over brukes begrepet triggerpunkt. I MPS-sammenheng defineres dette på en annen måte sammenlignet med definisjoner som er vanlige i Norge. MPS er ikke en anerkjent diagnose i Norge. Det er stor skepsis til utenlandske rapporter om meg og de blir som regel ikke lest. Norge er på størrelse med Brooklyn i New York. En lege i Brooklyn overser neppe en rapport fra Chicago kun fordi den er derfra. Hvorfor kan ikke flere norske leger vurdere utenlandske rapporter? Mulige årsaker er tidspress og mangel på kompetanse. Uansett skapes en isolert kultur der samfunnet

blir taperen. Istedenfor å ta de utenlandske rapportene alvorlig fikk jeg ofte diffuse diagnoser som for eksempel myalgi.

Referat fra møte med Eivind Holand, Ressurssenteret for omstilling i kommunene, mai 2003

Eivind sier at de holder kurs for alle som nylig har fått brukerstyrt personlig assistent. Jeg forteller om min bakgrunn og at jeg har vært leder for flere prosjekter i Oslo kommune. Han sier at det virker som om jeg sannsynligvis ikke har bruk for innholdet i kursene de holder. Men det kan være nyttig for meg å komme i kontakt med andre i samme situasjon. Han vil gjerne legge forholdene til rette slik at jeg kan komme til et hotell og delta på foredragene. Jeg forteller at jeg har hatt en konflikt med bydelen. De ga meg papirene til et kurs, og jeg sa at det var umulig for meg å dra på kurset slik det var satt opp. Det ble oppfattet som at jeg ikke ville på kurs.

Han forteller om en organisasjon som heter ULOBA, og spør om jeg har hørt om den. Nei, sier jeg. Det er rart, sier han. Bydelen har nærmest plikt til å fortelle deg om den. ULOBA er en organisasjon som er drevet av funksjonshemmede som har brukerstyrt personlig assistent. De organiserer alt som har med ansettelse og opplæring av assistenter å gjøre. ULOBA blir betalt av kommunene.

Jeg sier at ULOBA kan løse store problemer for meg med blant annet vikarer og opplæring av assistenter. Bydelen gjør en dårlig jobb med dette. Jeg forteller videre og spør om han har taushetsplikt. Jeg viser ham papirene som er gjengitt på de neste sidene. Han virker sjokkert. Jeg sier at så lenge situasjonen er slik bør jeg vente med å dra på kurs. Det sier han seg enig i.

Maktmisbruk og urettferdige forhold etter 1. januar 2003, skrevet i mai 2003

Da mor ble syk spurte jeg om bydelen kunne vaske klær i en overgangsperiode. Dette sa de nei til. Jeg måtte gå med det samme undertøyet flere ganger, tre-fire dager på rad. I samme periode tok det tid før jeg fikk utarbeidet detaljerte handlelister. Jeg hadde ikke nok stemme til å ta opp dette med noen. Ingen sjekket om det ble handlet inn nok mat. Flere dager hadde jeg kun ost og kjeks å spise.

Da mor ble syk spurte jeg hjemmetjenesten om de kunne være her litt lenger hver gang. Denne henvendelsen fikk jeg aldri svar på. På grunn av liten assistenttid har jeg ikke vært utenfor leiligheten mer enn tre-fire ganger siden februar. Selvangivelsen er ennå ikke innlevert. Da jeg fortalte at assistenten hadde for liten tid ble antall timer økt noe. Jeg fikk blant annet beskjed om at jeg utnyttet tiden for dårlig. Uten forvarsel ble støttekontakttimene tatt bort.

Vedtakene om for eksempel assistenttid ble gjort i bydelen uten at noen representanter for meg var til stede. Har en slik saksbehandling lovhjemmel? Det strider i hvert fall mot allmenn rettsoppfatning. Jeg er i praksis innesperret i leiligheten fordi assistenttiden ikke er her mer enn syv timer pr. uke. På et vedtaksmøte kunne min fysioterapeut enkelt forklart følgene av å ikke øke assistenttiden. I rettsvesenet er det utenkelig at en person kan dømmes til fengsel uten at personen og dens representanter får uttale seg under hele rettsprosessen.

Min fysioterapeut mener at jeg bør ha to behandlinger pr. uke. Siden februar har jeg kun hatt to-tre behandlinger. Både fysioterapeuten og jeg mener at behandlingen krever at forholdene er bedre rundt meg. Årsaken er at behandlingen er svært smertefull og slitsom. Bydelen har vært klar over dette hele tiden.

I mai fikk jeg et brev fra bydelen. Der står det at må nedsettes en ansvarsgruppe for å kartlegge mine behov. Ingen fortalte meg i februar at dette var en forutsetning for at noe skulle gjøres. På den tiden hadde jeg verken hatt nok rene klær eller nok mat i over to måneder. Det blir som å si til en sultrammet at det må dannes en komité for å finne ut av hvor mye mat han trenger før han kan få noe å spise. Dessuten har tiltak tidligere blitt iverksatt uten ansvarsmøter på forhånd. Hvordan skal jeg kunne vite at dette plutselig er et krav? Hadde jeg hatt krefter til det skulle jeg gjerne satt ned en ansvarsgruppe på den tiden. Men jeg måtte skaffe venner til å vaske klær og få i gang rutiner for innhandling slik at jeg hadde nok mat. Jeg klarte rett og slett ikke mer. Bydelen var klar over denne situasjonen også. Hjemmehjelpen som var her på den tiden fikk ikke lov til å vaske klær av sjefen sin. Hun ble så fortvilet at hun ikke orket å være her på flere uker.

Det hele kommer i et meget spesielt lys når man vet følgende: Høsten 2002 hadde Svein Nilsson, en av Norges fremste muskel- og ryggspesialister, skrevet at jeg trengte mer hjelp. Det var bydelen selv som bestilte denne rapporten. I den siste rapporten fra Statens senter for logopedi står det at min stemmesykdom er så sjelden at man først og fremst må ta hensyn til hva jeg selv har lest og kan om den.

Musklene som ble ferdigbehandlet i vinter har holdt seg fine også det siste halve året. Bortsett fra dette har sykdommen forverret seg like mye de siste seks månedene som på de 24 månedene før dette.

Da jeg hadde stemme nok spurte jeg hjemmehjelpen om hvorfor jeg ikke hadde fått svar på det omtalte ønsket om flere

assistenttimer. Hun sa at hun hadde spurt lederen for hjemmetjenesten, men at hun hadde smilt og sett bort.

Brev til Sunnaas sykehus før innleggelse, 21. august 2003

Bakgrunnsinformasjon om Christian P. G.

Jeg har mottatt brev om innleggelse i vurderingsenheten post 3 ved Sunnaas sykehus. Jeg blir fort sliten i stemmen av å snakke. Derfor har min assistent skrevet dette brevet med bakgrunnsinformasjon om meg. Jeg håper brevet kan være til hjelp for dere samtidig som det sparer meg for litt krefter.

Pr. i dag har jeg hatt permisjon fra profesjonsstudiet i psykologi ved Universitetet i Oslo i 2,5 år. Jeg har kun ett semester igjen av studiet. Under permisjonen har jeg gjort grunnarbeid til en doktorgrad i vitenskapshistorie.

Før jeg ble syk var jeg meget aktiv innen idrett, spesielt kombinert. Jeg har også drevet mye med rusforbyggende arbeid (se vedlegg 1).

På grunn av min sykdom har jeg vanskelig for å spise med bestikk. I stedet ruller hjemmehjelpen det meste av maten i tortillalefser slik at jeg kan holde den. Jeg vil selv ta med tortillalefser til hele oppholdet ved Sunnaas sykehus. Min sykdom medfører også at jeg har vanskeligheter med å gå. Det hadde derfor vært til stor hjelp for meg om jeg kunne blir plassert relativt nærme doen og liknende fasiliteter.

Jeg har tidligere hatt en del stressende opplevelser med norske helsearbeidere. En av dem kastet meg fysisk ut. En annen overbeviste min mor om at min sykdom var hennes feil. 10-12 slike episoder skapte et salig kaos i over ett år før jeg dro til USA for 2,5 år siden for å få behandling. I perioder uten et ekstremt stressnivå blir jeg kvitt stressymptomer på noen uker ved hjelp av psykologiske teknikker. Problemet er at slike episoder forverrer sykdommen.

Et eksempel er øyeproblemene som startet i april 2003 (se vedlegg 2).
Stressnivået har vært meget høyt de siste åtte månedene (se vedlegg 3).

Min fysioterapeut har blitt kurset i utlandet om diagnostisering og behandling av det jeg sannsynligvis lider av. Vår erfaring er at når en muskel er ferdigbehandlet tåler den både å ligges på og aktivitet. Når det gjelder å fremskynde prosessen og/eller unngå nye skader: Jeg har prøvd trening i nesten alle former og farger, også over tid i stressfrie perioder. Men lette bevegelser i basseng og deretter trening etter hvert har vi stor tro på.

Vennlig hilsen

Christian P. G.

Vedlegg:

1. "Elektronisk ekstase", skrevet av Christian P. G
2. Referat fra siste besøk hos dr. Knut Gråbø
3. Maktmisbruk og urettferdige forhold etter 01.01.03
4. Rapport fra Statens senter for logopedi

Vedlegg 1 er en bok. Deler av den ligger på forebygging.no. Jeg fikk ikke svar på dette brevet. Da jeg kom til Sunnaas ble jeg ikke plassert nær toalettet. Ingen hadde lest brevet. Heldigvis hadde jeg med en kopi. Men romplasseringen ble ikke endret.

Referat fra et møte hos dr. Knut Gråbø, 5. august 2003

Christian P. G. kan bare snakke noen minutter hver dag før han blir sliten. Hvis det blir mer snakking får han problemer med tygging, snufsing, spasmer, og så videre. Desto mer han snakker, desto verre blir symptomene. Han har opplevd en forverring siden jul. Da kunne han prate 20 minutter pr. dag. Han lurer derfor på hva han skal gjøre på Sunnaas sykehus den tiden som ikke kan benyttes til utredning.

Siden februar har Christian P. G. bare vært til to behandlinger hos fysioterapeut Ragnar Hagen. Årsaken til dette er at forholdene rundt Christian P. G. ikke har vært de rette for en slik slitsom behandling. Det kreves ro og orden i andre forhold for at behandlingen skal være effektiv. Christian P. G. har opplevd mye stress den siste tiden. I en periode var hans personlige assistent kun til stede to dager på tre uker grunnet ferieavvikling. Fordi en vikar ikke ble skaffet skjedde alt på en gang disse to dagene. Mat måtte bestilles og ble levert en halv time før vi skulle være hos legen på den andre siden av byen. Dette skapte problemer fordi leveransen bestod av frysemat for over to tusen kroner. I tillegg måtte søknader om sosialstøtte til husleie og strøm skrives og sendes. Christian P. G. har ikke betalt husleie siden mars fordi han ikke har fått støtte til dette fra sosialkontoret **(forklaringen kommer i "notat om første halvår 2003", se de neste sidene)**. Et slikt stressnivå ville vært negativt uansett sykdom. Bydelen kan derfor ikke skylde på at de ikke forstår hva som feiler Christian P. G.

Christian P. G. har følt det som en ekstra belastning at moren hans også er blitt syk. Moren hjalp han mye i perioder da tilbudet fra hjemmetjenesten var dårlig. Broren hjalp til våren 2003. Han fikk etter hvert mer enn nok av den store mengden arbeid og ansvar. De to har nesten ikke hatt kontakt de to siste månedene. Som et resultat av dette var Christian P. G. alene på bursdagen sin.

Ragnar Hagen og Christian P. G. har sammen kommet frem til en behandlingsmodell som gir gode resultater. De musklene som har blitt ferdigbehandlet er symptomfrie og har holdt seg godt i perioder uten behandling. Dette har bydelen vært lite interessert i. Dr. Knut Gråbø trodde imidlertid at dersom vurderingen fra Sunnaas sykehus kom i orden ville bydelen se på saken med andre øyne.

Da Christian P. G. kom hjem fra legebesøket hos dr. Knut Gråbø hadde han 200-300 spasmer pr. minutt i lårene og leggene. Dette varte i seks-åtte timer. Hans personlige assistent kan vitne om dette. Hun kjente at spasmene rykket i et vanvittig tempo. Christian P. G. føler pr. i dag at øynene er noe bedre. Dråpene han fikk av dr. Knut Gråbø har hjulpet mot den klebrige væsken, som nå er borte. Spasmer, smerte og væske øker imidlertid ved bruk av øynene. Dette likner på symptomer andre steder på kroppen. Christian P. G. kan lese 150-200 ord pr. dag nå.

Notat om første halvår 2003, skrevet høsten 2003

De siste ni månedene har jeg vært i så dårlig form at jeg ikke har klart å skrive ned alt som har skjedd. Året 2003 begynte med at mor rett og slett ble så utslitt av å hjelpe meg at hun trakk seg ut av livet mitt, både på grunn av egen helse og for å sette press på hjelpeapparatene.

Det er vanskelig å fortelle ærlig om denne perioden uten å komme inn på liv og død. I en periode var jeg i tvil om jeg kom til å overleve. Jeg var usikker på om jeg klarte å holde ut ikke bare de neste månedene, men de neste timene. Jeg var uten støtte fra en utslitt familie. Hjemmetjenesten så, eller burde sett, at jeg trengte mer hjelp. Av og til oppsto diskusjoner med hjemmehjelpen. Et eksempel var da jeg spurte hjemmehjelpen om hun kunne bytte et meget skittent laken. Sengetøyet hadde ikke blitt skiftet på seks uker. Jeg fikk beskjed om at slike ting var vanlig og at jeg ikke kunne regne med at noe ble gjort med det. Vedkommende ble tydelig gretten. Hun sa at det ikke var hennes jobb og at hun hadde tusenvis av andre ting hun skulle ha gjort. Lakenet ble byttet til slutt. Jeg sa at jeg ikke hadde stemme nok til å forklare henne hvordan jeg hadde det, men at hun burde kunne se hvor alvorlig situasjonen var. Det var ikke mat nok, jeg hadde ikke rene klær, det var skittent overalt og jeg kom meg ikke ut. Jeg påpekte at hjemmetjenesten ikke var uten ansvar for å gjøre noe med situasjonen. Diskusjonen endte med at hjemmehjelpen følte det urettferdig å ta ansvar for noe som ikke bare var hennes oppgave. Hele hjemmetjenesten i bydelen visste om min livssituasjon. På dette tidspunktet var stemmen svært dårlig fordi jeg hadde deltatt på en rekke forberedende møter før oppholdet på Sunnaas sykehus. Slike diskusjoner med hjemmehjelpen svekket stemmen ytterligere. Det ble enda vanskeligere å invitere venner og familie på besøk. Synet begynte å svikte. Jeg klarte ikke å søke om sosialhjelp og levde på lånte penger. Husleie hadde jeg ikke råd til å betale på 9-10 måneder. Jeg fikk store smerter og spasmer av å ligge på madrassene jeg hadde. 2-4 timer i døgnet lå jeg i badekaret. Jeg fikk øye – og øre betennelse, sannsynligvis på grunn av tiden i badekaret.

I et halvt år var jeg stort sett alene. Jeg fikk litt hjelp av naboer. Uten dem er det mulig jeg ikke ville vært i live i dag. Jeg følte meg ikke bare fullstendig utkjørt psykisk og fysisk, men også maktesløs overfor hjelpeapparatet. Det største problemet var mangel på hjelp. Blant annet klarte ikke bydelen å skaffe en assistent for hele sommeren. Vi rakk ikke å finne ut hvorfor jeg ikke fikk hjelpestønad eller hvorfor TT-kortet mitt ikke virket. Ofte rakk vi ikke å lage nok mat eller å åpne brev. En gang ble assistenten min sett på et kjøpesenter av en i bydelen. Da fikk hun beskjed om at hun burde vært hos meg og gjort andre ting. Det var 35 grader celsius. Jeg hadde ikke shorts og gikk i olabukse. Min mor truet bydelsoverlegen med å sitte utenfor hans kontor til noe ble gjort med situasjonen. Da kom sjefen for hjemmetjenesten på et uanmeldt besøk. Hun så en leilighet i fullt kaos, det var skitt og søppel overalt. Det ble ikke iverksatt vesentlige tiltak etter dette.

Tenk deg at du har en medarbeidersamtale på arbeidsplassen. Du sier at én person har trakassert deg gjentatte ganger. Senere får du vite at meldingen oppover i systemet er at alt står bra til. Da ville du sannsynligvis kontaktet tillitsmannen/-kvinnen. I min situasjon er tillitsmannens rolle i fylkeslegens og fylkesmannens hender. Men i det daglige måtte jeg prioritere mellom å lage nok mat eller å skrive en klage. Så lenge bydelen ga meg for få assistenttimer hadde de i prinsippet et jerngrep om min situasjon.

En venn fortalte at forskning viser følgende: Hos pasienter der taleevnen forsvinner øker selvmordsraten mer enn ved alle andre sykdommer. Hvis det er riktig er det logisk. Livet består av aktiviteter. Da blant annet bevegelses- og taleevne nesten forsvant hadde jeg rett og slett ingenting å gjøre. Jeg kunne ikke lese bøker og jeg hadde ikke en passende dataskjerm slik jeg kunne bruke PC-en fra sengen. Jeg hadde to-tre lydbøker og hørte på disse kveld etter kveld. Jeg forstår ikke hvordan jeg overlevde den tiden. Årsaken var nok delvis støtten fra noen få mennesker. Jeg hadde også et brennende håp om å fortelle om hendelsene og på den måten være med på å skape en endring.

Man kan forestille seg en eldre mann på sykehjem som har mistet taleevnen eller har en annen sterk funksjonshemming. For denne personen vil situasjonen være enda vanskeligere enn for meg. Hans venner og familie er muligens borte. Det kan gi enda mindre grunn til å ville leve. Han er fullstendig forsvarsløs og helsearbeidere kan gjøre nesten hva som helst uten at det får konsekvenser. For pasienter i slike situasjoner er det sannsynligvis svært mye å gjøre i forhold til menneskerettigheter.

Steke –

Innleggelse på Sunnaas

På stranden ligger en fisk
Sprellende i stekende sol

Vi kan hjelpe den, sier han
Vi snur den mot vannet

Den må selv finne viljen
Viljen til å sprette ut i havet

Jo lenger den steker
Jo større blir viljen

Dumsnillhet skaper fisk
Som forventer vår redning

Greit?

GREIT?

1. september 2003

- Jeg leste papirene dine i lunsjen, sa fysioterapeuten. Det som står der er nesten for ille til å være sant. Jeg trodde bydelen din var et fint område. Jeg hadde faktisk tenkt å flytte dit og kanskje begynne å jobbe der, men det må jeg nok revurdere nå. Reidun Feiring, fysioterapeuten i bydelen din, er her på avdelingen nå. Hun har kommet for å besøke noen pasienter her på sykehuset. Det skjer en gang i blant. Hun snakker også om deg.

Noen dager før hadde Reidun Feiring blitt meget irritert fordi fysioterapeuten min hadde prøvd å få tak i noen på Sunnaas sykehus. Hun hadde sagt til fysioterapeuten min at det kunne påvirke dem slik at det ikke ble en objektiv vurdering. Men hun mente altså at det var ok at hun selv pratet med mine behandlere på Sunnaas.

- Du kan si til henne at jeg gjerne setter en strek over alt som har skjedd hvis vi kan begynne med blanke ark. Jeg vil bli frisk og jeg skal kunne klare å starte på nytt hvis det vil hjelpe meg. Men de gjør mange uetiske ting. Det skal litt til før jeg kan stole på dem igjen. For eksempel prøvde de å få tak i papirene jeg sendte til dere. Måten de gjorde det på sier mye om hvordan de arbeider. Det første som skjedde var at fysioterapeuten i bydelen spurte assistenten min om hva vi gjorde. Hun svarte at vi skrev et brev til dere. Hun er 19 år og tenkte nok ikke over at hun har taushetsplikt. De henvendte seg til meg og ba om å få brevet. Jeg sa at det var privat. Da ringte de fysioterapeuten min og spurte om å få papirene av ham.

- Det høres utrolig ut.

- Det er sant, du kan få det bekreftet av fysioterapeuten min, sa jeg. Den opprinnelige planen var at fysioterapeuten min skulle være med hit og snakke med legen. Men bydelen mente det var meget uheldig. Jeg vet ikke om Reidun Feiring har kommet hit på grunn av meg, men... I så fall er det utrolig frekt.

- Gudskjelov hadde fysioterapeuten din vett nok til å ikke gi henne papirene.

Christian P. G. kl. 17.45: Skikkelig krig her. Bydelen var her, men jeg tror Sunnaas sykehus er på min side.

Avsnitt som er satt opp på denne måten med klokkeslett er tekstmeldinger. De gir et godt innblikk i hvordan det oppleves å være pasient i den ekstreme situasjonen som oppstår.

Steinar (helsearbeider) kl. 17.50: Hold hodet kaldt! Sunnaas sykehus vil gjennomskue bydelens manipulering og hensikt. Lykke til videre!

Christian P. G. kl. 18.57: Reidun Feiring (fysioterapeuten i bydelen) hadde møte med dem... Fy faen. Nekter andre, men kommer selv. Håpet er Sunnaas sykehus, de er bra.

Nina (assistent) kl. 19.12: Er det sant? Trodde det var meningen at de skulle stå litt på sidelinjen. Jaja, lykke til i felten da!

Nina kl. 21.24: Hvis du vil kan jeg komme en tur på onsdag. Kan ikke være lenge for jeg vet ikke om jeg får timer av bydelen ennå.

2. september 2003

Christian P. G. kl. 10.27: Legen er helt idiot, han ville ikke lese papirer og ville ikke undersøke meg fordi jeg ikke satt i stolen.

Steinar kl. 14.04: Anne Lorentzen ringte meg før i dag. Bra, hun har forstått hva spillet går ut på. Hun taler din sak.

Anne Lorentzen er fysioterapeuten på Sunnaas sykehus.

Christian P. G. kl. 17.37: Jeg trenger Anne Lorentzens telefonnummer.

Steinar kl. 19.04: Er du ute etter fast eller mobil?

Christian P. G. kl. 19.56: Fant det! Takk. Anne Lorentzen skal prate med macholegen. Han er vikar. Mulig jeg må ut og så inn etter han er ferdig.

Christian P. G. kl. 19.58: Han skulle ha meg til å gå trapper, prate mye, svømme og så videre. Tror ikke han hadde hørt på deg heller. Han undersøkte ikke en eneste muskel.

Steinar kl. 20.20: Latterlig og arrogant. Anne Lorentzen ga også uttrykk for at hun var oppgitt over legen. Lykke til videre!

Legen sa jeg skulle gjøre ting som jeg fikk mer smerter og spasmer av. Slik kunne de observere dem. Den beste måten å gjøre det på er å skrive mye og fort. Jeg begynte å skrive et dikt.

Kjære herr Trygdekontor

Du brukte seks måneder på å behandle min søknad
Klagefristen var tre uker, sa du
Jeg klaget etter 3,5 uker
Du brukte seks måneder på å behandle klagen
Klagefristen ble ikke overholdt, sa du
Nei, sa jeg
Jeg er dessverre syk

Jeg trenger flere papirer, sa du
Nok en gang ber jeg deg sende flere papirer, skrev du etter noen uker
Dagen før hadde din faks mottatt mine papirer

Kan jeg få anbefale et besøk hos doktoren, herr Trygdekontor?

Jeg regnet ut hvor lenge jeg har ventet på leger og andre helsearbeidere. Jeg har sittet på venterom i minst 600-700 timer. Det er selvsagt over mange år. Det meste jeg har ventet er en time og tre kvarter. Spasmene ble flere og kraftigere.

3. september 2003

Christian P. G. kl. 10.19: Hvis jeg må dra i kveld trenger jeg hjelp. Jeg får ikke taxirekvisisjon så fort.

Christian P. G. kl. 10.25: Legen skal ringe deg. Han var bedre i dag, men vil nok høre mer på deg enn meg. Han har nok fått en lekse av Anne Lorentzen.

Legen ringte aldri Steinar.

4. september 2003

Christian P. G. kl. 12.52: Legen har jobbet på NIMI, han tror han kan alt. Han har ikke hørt om Travell... Kjefter på meg fordi jeg beveger meg for lite. Han vil se spasmer. Huff.

Christian P. G. kl. 13.00: Nå har en sykepleier observert spasmer. Håper det hjelper.

5. september 2003

Christian P. G. kl. 09.19: Det har ikke vært mye stress her bortsett fra det første møte med legen. Dermed har jeg klart å prate en del, men nå begynner det å røyne på... Jeg gir litt info underveis, si fra hvis du ikke vil ha det.

Christian P. G. kl. 12.41: De sier at jeg har belastet deg for mye. Det er jeg enig i, men det var bydelens skyld. Før de siste ukene har jeg ikke belastet deg med mine problemer. Alt ble snudd på hodet siste uka av bydelen. De brøt fagetiske regler ved å spørre om private brev og så videre.

Steinar kl. 15.30: Ikke vær bekymret. Du har ikke presset meg og har alltid godtatt hvis ting må vente litt på grunn av andre gjøremål. Håper alt går greit. God helg.

Christian P. G. kl. 17.24: Hadde en utrolig bra samtale med Anne Lorentzen i dag. Jeg tror dette går bra. Utrolig deilig å tenke at Sunnaas sykehus kanskje vil støtte et opplegg.

9. september 2003

Christian P. G. kl. 08.07: De kjørte meg helt i smertekjelleren i går. Over 45 min. statisk belastning av nakke og rygg. Jeg får ikke mat uten å gå ut i salen. Uenighet i teamet. Legen støtter ikke meg, resten gjør det. Ser dårlig ut nå.

Etter at de hadde gjennomført noen tester hadde jeg så store smerter at jeg så vidt klarte å gå til badet. Jeg fikk mat kun i stua, i en stol uten rygg- og nakkestøtte. Det var kun mulig å sitte der i svært korte intervaller disse dagene. Jeg fikk ikke i meg nok mat på denne måten. En spesialrullestol var tilgjengelig, men den fikk jeg forbud om å bruke (både til og i stua). Flere av de andre pasientene begynte å lure på hva som foregikk. Da de spurte ble personalet kraftig provosert. En medpasient prøvde å "smugle" mat inn på rommet mitt. Hun ble bryskt stoppet og fikk beskjed om å ikke blande seg inn i behandlingen av meg. Jeg forsto at jeg måtte komme meg ut fortest mulig etter 30 timer nesten helt uten mat. Jeg sa jeg ikke klarte å sitte og spise fordi jeg fikk store smerter. Da sa en sykepleier: "Det er da merkelig, jeg får vondt hvis jeg ikke spiser".

Christian P. G. kl. 13.01: Ring Anne Lorentzen fort. Finn ut om hun var på møtet i dag. Be henne høre på svareren sin. Får ikke mat. Stikker innen 24 timer hvis ikke stor forandring. Legen er helt koko.

Christian P. G. kl. 13.20: Må nok dra før 10 onsdag, da er min neste time. Har spist 0,5 skive brød på 21 timer. Vet ikke hvor lenge jeg klarer dette.

Christian P. G. kl. 14.10: Vet ikke om jeg kan ta sjansen på at psykologen er enig med Anne Lorentzen. Jeg har bare hatt én time med henne, da kan ikke en diagnose telle mye.

Christian P. G. kl. 14.16: 90 % sikker på Anne Lorentzen ikke var på møtet. Jeg spurte legen, han ble aggressiv og ville ikke svare.

Steinar kl. 14.53: Anne Lorentzen er syk i dag og i morgen, jeg prøver å få tak i ergoterapeuten.

Christian P. G. kl. 16.51: Jeg vil dra i kveld, det er best. Klarte bare å få i meg litt mat. 14 timer til blir ikke saklig.

Christian P. G. kl. 16.58: Det går ikke med bilen til Inge, han har ikke baksete. Kan ta taxi, men da blir alt liggende.

Christian P. G. kl. 17.01: Psyken tåler ikke dette mye lenger.

Steinar kl. 17.10: Ring meg med én gang.

Christian P. G. kl. 18.13: Jeg kan ta taxi og la alt ligge, men det er jo store verdier. Eller noen kan leie bil. Jeg betaler.

Steinar kl. 18.46: Har snakket med Bjarne. Han ville gjerne ringe deg når han kom hjem. Inge kunne ikke hente deg. Han reiser til Danmark i morgen.

Christian P. G. kl. 19.00: Jeg kan betale taxi for deg slik at vi får med alt.

Steinar kl. 19.30: Mor blir sein. Jeg er alene med Fredrik. Vanskelig å komme fra.

Steinar kl. 20.02: Kona er ute for første gang med en venninne etter fødselen. Må dessverre si nei inntil videre, hvis hun ikke mot formodning kommer hjem tidligere. Sorry.

Christian P. G. kl. 22.32: Legen var hyggelig noen dager og så slo han til. Han følger tenkning om diffuse plager og har ikke lest relevant litteratur. Vil ikke lese rapporter.

Jeg ble mer og mer desperat. Dagen etter ville jeg neppe vært i psykisk eller fysisk stand til å være der. Jeg forsatte å ringe folk og slet ut stemmen fullstendig. Hvis ingen kunne hente meg ville jeg prøve å dra fra Sunnaas sykehus på egenhånd. Da ville jeg vært nødt til å legge igjen tingene mine (blant annet to madrasser verdt 10.000 kr som jeg trengte hjemme).

Jeg snakket med psykologspesialist Asbjørn Solevåg på mobiltelefon. Jeg sa at jeg hadde ekstreme smerter og spasmer etter tester og at jeg ikke ville klare å gå fra rommet til neste behandling engang. Hans råd var å snakke med overlegen dagen etter (sjefen til han som var ansvarlig for min behandling). Alene skulle jeg altså snakke med en overlege etter 40 timer uten nok mat og søvn og nesten uten stemme. Hvordan kunne det gå bra? Hva er sannsynligheten for at overlegen ikke ville forsvare legens behandling (slik psykologen fra Sunnaas senere gjorde da hun kalte det en test)? Jeg sa at det verste som kunne skje var at psykologen konkluderte med at jeg hadde en psykisk diagnose. Jeg hadde

erfart at fagpersoner på slike institusjoner ble tillagt enorm autoritet. Solevåg sa at det umulig kunne skje etter kun to pasienttimer (min andre time skulle være dagen etter). Jeg svarte at jeg hadde opplevd lignende ting før: En psykolog skrev at jeg muligens var psykotisk etter kun én konsultasjon. Senere la psykologen fra Sunnaas frem sin konklusjon basert på kun én time. For å si det pent: Det er meget uvanlig og ikke i tråd med fagetikk.

Det begynte å bli sent på kvelden og de fleste bekjente kunne jeg ikke ringe. De var allerede utslitt. Jeg har et prinsipp: Min sykdom skal ikke skape flere store problemer for andre. Den har skapt nok. For eksempel var mor på randen av kollaps og jeg kunne og ville ikke kreve mer av henne. Til slutt fikk jeg tak i Bjørn, en gammel kollega. Ved midnatt kom han til meg på Sunnaas. Da var jeg så sliten at jeg ville dra med en gang. Nattevakten fortalte at det var umulig. Hun sa at jeg skulle få medisner for å få sove. Bjørn skulle komme tidlig neste morgen.

Da Bjørn hadde gått ba jeg om å få valium for å få sove. Da kom den som var ansvarlig for medisinene. Hun sa at jeg hadde fått så mye valium den dagen at jeg ikke kunne få mer. Hvis man leser på valiumpakningen står det at man ikke bør slutte brått. Hvis en person er redd er risikoen for panikkanfall tilstede. Den siste dagen hadde jeg fått valium fordi jeg begynte å bli veldig redd. Tidligere hadde jeg fått forbud fra legen om å ha egne medisiner på rommet. Han sa jeg ville få det jeg ba om.

Jeg brukte alle mestringsteknikkene jeg hadde lært på psykologistudiet for å takle redselen den natten. Alle har nok en grense der virkeligheten blir for tøff å takle. Jeg vet ikke hvor min egen grense er. Men jeg skjønte den natten at jeg begynte å nærme meg den grensen. Jeg visste at hvis jeg avbrøt oppholdet ville det, i hvert fall på kort sikt, få meget alvorlige konsekvenser for meg. Det ville bety å sette seg på siden av helsesystemet. Men det var en enkel beslutning å ta så lenge systemet skadet meg. Jeg trodde, og tror fortsatt, at hvis jeg hadde blitt værende på sykehuset ville livet blitt enda verre for meg. Jeg ville sannsynligvis blitt så skadet at jeg ikke ville klart meg selv i leiligheten i mer enn noen måneder. Med ekstreme smerter og uten nettverk er det ikke usannsynlig at jeg ville begått selvmord.

Noen klienter tror at hvis en personen bak en skranke hadde ønsket å hjelpe dem hadde han/hun gjort det. Utfra dette er mulig å forstå at de kan gå til angrep på helsepersonell. Jeg ser ikke på min situasjon som forårsaket av personer, men av systemer. Hvem skulle jeg blitt sint på? Hjelpepersonalet? Nei. De trodde de gjorde det som var det beste for meg. Legen? Ja og nei. Han gjorde også det som, ut fra hans tenkning, var det rette for meg. Men han mener målet helliggjør middelet: Han brøt grunnleggende pasientrettigheter fordi han trodde det vil gjøre meg frisk.

Det er nok mange kompliserte årsaker til det som skjedde. Noen muligheter har jeg nevnt tidligere. En annen sannsynlig faktor er at utdanningssystemet ikke veileder studenter tilstrekkelig i etikk. Helsevesenet er ikke et militært system der for helsearbeidere må utføre det en lege sier. Hvis noe bryter med menneskerettighetene bør helsearbeidere utdannes til å si: "Dette går ikke an. Jeg kan ikke akseptere det, det bryter med loven".

Jeg har mange ganger tidligere blitt like dårlig og faktisk enda verre av overbelastninger. Dette fortalte jeg på Sunnaas, og det kan bekreftes av min fysioterapeut. Hvis en slik hendelse bare hadde skjedd én gang, kunne man forklart symptomene med for eksempel at jeg ble syk (influensa eller lignende) samtidig som jeg gjorde aktiviteten. Men en slik logikk er ikke fornuftig når det samme skjer gang på gang. En annen mulighet er at jeg blir stresset av aktiviteter og at dette skaper smerter. Verken de som observerte meg under testene på Sunnaas eller min fysioterapeut mener jeg virker stresset under aktivitet. Man kan selvsagt hevde at det er ubevisst stress, som jeg ikke merker og ingen ser, som er årsaken til smertene. Men dette er en forklaring som skapes som en nødløsning og er kun fornuftig å vurdere hvis man ikke har andre plausible forklaringer. Men selv om dette hadde vært årsaken kan man ikke bryte menneskerettigheter.

Jeg er ikke kritisk til de innledende testene på Sunnaas. De trengte observasjoner for å kunne si noe om hva som skjedde da jeg gjorde bestemte ting. Men det som skjedde etterpå kan ikke forsvares uansett hva man måtte mene er årsaken til at jeg ble syk. Dette er et sentralt poeng i boka: Diagnoser eller antagelser om sykdom kan ikke berettige overgrep. Dette er innlysende når man skriver det, men i praksis er saken en annen.

10. september 2003

Bjørn (kollega) kl. 00.12: Selv om jeg var i tvil er jeg glad jeg reiste ut. Hadde jeg ikke gjort det ville jeg grublet lenge! Og for guds skyld: La det aldri plage deg at du ba meg komme.

Christian P. G. kl. 07.41: Sovet to timer. Spist to tortillalefser! Dette blir julaften. Bjørn kommer 09.30.

Christian P. G. 08.00: Hjem i dag før 13. Steinar kan forklare. Kan hjemmetjenesten komme?

Christian P. G. kl. 13.59: Lykke! Mat! Søvn!

Christian P. G. kl. 15.30: Du og Bjørn er utrolige mennesker. Vi klarte å redde psyken min. Det var førsteprioritet.

Christian P. G. kl. 13.00: Viktig at ergoterapeuten får vite at vi ønsker samarbeid med dem før torsdag, da har de teammøte.

Steinar kl. 16.53: Jeg fikk tak i ergoterapeuten. Hun sa det var ok for Anne Lorentzen og henne, men at det måtte være i forståelse med teamet og sykehuset.

Christian P. G. kl. 16.56: Det får de ikke. Bjørn vet. Mye sykt ble sagt av dem i dag.

Christian P. G. kl. 19.23 (svar på en SMS fra en medpasient): Strålende! Jeg har spist og er lykkelig for å være ute av tullballet. Dere er friskere enn dem! (Ikke si at jeg har sagt det, jeg vil ikke ha enda mer tull i journalen min ☺).

Marianne (medpasient) kl. 19.24: Takk. Du får kose deg masse. Jeg reiser hjem på mandag. Er litt sur siden jeg ikke kunne dra på fredag. Men jeg gidder ikke mer krangel.

Det var en enorm lettelse å komme hjem. Det var som å komme ut av et fengsel. I to måneder etter oppholdet kunne jeg kun spise suppe, og jeg klarte ikke å prate mer enn noen setninger daglig. Å tygge mat klarte jeg etter 4-5 måneder.

Ete –

Veien ut av helsevesenet

Dreier dette seg om å spise eller bli spist?

Bære eller briste
Motangrep eller overgivelse

Nå skal JEG legge premissene
Ikke lenger være snill og godtroende

Kjempe til siste skrik og siste tåre
DET skal jeg gjøre

Faks til Sunnaas sykehus, 22. september 2003

Til Anne Lorentzen (fysioterapeut) og Margrethe Hoen (ergoterapeut)

De siste to dagene jeg var innlagt ble jeg nektet å kommunisere skriftlig og med tegn. For eksempel ville ikke en sykepleier ta imot en skriftlig symptomrapport jeg hadde skrevet.

På 41 timer spiste jeg nesten ikke mat i det hele tatt. Jeg **måtte** ut. Stemmen fikk 2-3 timers belastning siste dag. Nå er den verre enn noensinne. Statens senter for logopedi sier man må ta hensyn til hvor mye jeg kan prate til enhver tid. Jeg fikk mat kun i stua, uten rygg- og nakkestøtte. Det var kun mulig å sitte der i svært korte intervaller disse dagene.

Både utenlandske og norske eksperter mener jeg sannsynligvis lider av noe man har liten viten om i Norge. Både legen og psykologen nektet å lese disse papirene. Den hypotetiske saken under er prinsipielt lik min situasjon og illustrerer fagetikken som ble brukt ved Sunnaas da jeg var innlagt der:

En pasient har skadet språksenteret. Legen vil ikke lese papirene fra MR-undersøkelsen og starter en intervensjon med matmangel basert på en antagelse om en ikke-nevrologisk lidelse. Dette gjør han før en psykolog ved sykehuset har utredet pasienten. Vil myndighetene ha en slik fagetikk ved Sunnaas sykehus?

Dette gis i fortrolighet. Jeg vil ikke gjøre dette til en stor sak **nå**. Men jeg vil at dere skal vite min versjon.

Hvilken diagnose har legen satt? Er Ragnar Hagen en del av deres forslag i rapporten? Hvis min psykolog ikke kan komme på møtet torsdag, har jeg noen rettigheter for å få utsatt møtet? Finnes det en ankeinstans? Mine interesser er svekket uten ham.

Med vennlig hilsen,

Christian P. G.

Kopi: Ragnar Hagen (min fysioterapeut), Bjørn (venn, ansatt i et statlig departement) og Asbjørn Solevåg (psykologspesialist)

Asbjørn Solevåg kunne ikke den omtalte møtedagen. Etter hvert som møtet nærmet seg merket jeg at stemmen ikke ville tåle et møte så tidlig etter oppholdet på Sunnaas. Jeg klarte ikke å tygge mat engang. Jeg sa dette til ergoterapeuten ved Sunnaas. Hun sa det var vanskelig å utsette møtet. Mitt ønske ble ikke tatt til følge. Jeg fikk ikke svar på mitt spørsmål om ankeinstans. I årene jeg har vært i arbeid har jeg aldri opplevd å ikke kunne utsette et møte på grunn av sykdom.

Jeg sendte en kopi av denne faksen til legen min. Senere fikk jeg den av trygdekontoret da jeg ba om kopi av alle papirer om meg. Jeg bruker begrepet fortrolig i faksen. Det betyr at ingen kan gi den videre uten min tillatelse. Jeg har aldri gitt en slik tillatelse til noen.

Til Ragnar Hagen, september 2003

Vår sjanse er at du prater med Reidun Feiring (fysioterapeuten i bydelen) og Asbjørn Solevåg prater med Folke Sundelin (bydelsoverlegen). Vil de gi oss ett år for å vise at vi kan rehabilitere meg? Målet er å begynne deltidspraksis etter jul 2004. Dette krever at sosialkontoret støtter opplegget. De bruker ofte store summer på narkotikabrukere. De betaler ofte for tiltak som ikke trygdekontoret kan/vil betale. Får vi ro kan vi komme langt på ett år med det vi vet nå. Hvis Folke Sundelin og Reidun Feiring støtter oss er det sannsynlig at sosialkontoret trår til. Er det noen lover vi kan bruke? Kan Bjørn hjelpe til med noe i den forbindelse? Dette er bare et forslag. Men det haster hvis vi skal "vaksinere" bydelen med noen telefoner før de møter "den gale legen".

Med vennlig hilsen,

Christian P. G.

Kopi: Asbjørn Solevåg og Bjørn

Da jeg fikk rapporten på de neste sidene trodde jeg det var gode muligheter for at en rehabiliteringsplan basert på fysioterapibehandlingen ville få støtte. Jeg trodde det var usannsynlig at Sunnaas' muntlige oppfatning ville fravike vesentlig fra synspunktene i rapporten.

Fysio- og ergoterapirapport fra Sunnaas Sykehus, september 2003

Sendes til:	Journal, Christian P. G.		
Pasientens navn:	Grimshei, Christian	Født:	23.07.71
Adresse:	Helseskogen 11, 0111 Oslo	Skadedato:	1996
Diagnose:	myalgia, seq. multiple tendinitter	Oppholdstype:	Rehabiliterings- potensiale
Innlagt fra:	Hjemmet	Dato:	01.09.03
Utskrevet til:	Hjemmet	Dato:	10.09.03
Sykehusets kontaktperson:	Anne Lorentzen, fysioterapeut Margrethe Hoen, ergoterapeut	Post/seksjon:	3/VRS

Aktuelt:

Var inntil 1996 frisk. Fikk etter hvert smerter i hele kroppen, også snakking gir smerter. Har forsøkt ulike behandlingsformer, bl.a. i USA og venter på svar på søknad om grunnstønad og uførepensjon. Har det siste året vært hos en fysioterapeut, spesialutdannet etter råd fra ekspertene i USA, og denne behandlingen har gitt gode resultater. Han ønsker å fortsette med behandlingen, men han har behov for personhjelp til daglige gjøremål for å ha kapasitet til å gjennomføre behandlingen.

Miljø/bakgrunn:

CG bor alene og er ikke fornøyd med de praktiske forholdene rundt seg. Han har opplevd mye stress den siste tiden. CG har tidligere vært en meget aktiv person. Han har studert psykologi og har kun det siste praksisåret igjen før han er ferdig. Han har vært idrettsutøver på høyt nivå.

Fysisk funksjon:
Utenfra sett virker CG å kunne delta i de fleste av dagliglivets funksjoner. Imidlertid vet han at han må forholde seg til bruk av kroppen slik at den ikke blir overtrett, for da kommer smertene. Han er blitt nøye utredet av flere fagpersoner som fysioterapeuten her ved Sunnaas sykehus har tillit til at har kompetanse på området. Behandlingsmodellen som fysioterapeut og CG samarbeider om, gir gode resultater og vil kunne systematisk bygge opp det som har vært skadet. I følge referat fra time hos dr. Knut Gråbø, har de musklene som er ferdigbehandlet blitt symptomfrie. Her på Sunnaas sykehus ble det gjort en lungefunksjonstest og en kraftmåling for m. Quadriceps. Spirometrien viser normal lungefunksjon, både for volum og kraft. Cybex fleksjon-/ekstensjonsmåling av knærne viser normal styrke i forhold til alder og kjønn.

Aktivitetsutførelse:
ADL: Slik CG fungerer nå, har han store problemer med å utføre primære daglige aktiviteter. Begrensningen ligger i at han med kun liten belastning opplever smerte og tretthet, og dette fører til at han får behov for personhjelp. Ved praktisk observasjon her, lage en enkel lunsj til to personer, hadde han ingen problemer med den praktiske gjennomføringen, men han opplevde store smerter i etterkant og var stort sett sengeliggende resten av dagen og neste dag.

Arbeid:
CG er ikke i arbeid, han har søkt uføretrygd og grunnstønad og venter på svar.

Fritid:

På grunn av sin nedsatte kapasitet har CG liten mulighet til å delta i fritidsaktiviteter. Han lever pr. i dag ganske isolert i leiligheten sin og har liten kapasitet til sosiale aktiviteter.

Konklusjon:

Opplevde smerter og utslitthet er klare begrensende faktorer for CG sin deltakelse i det sosiale liv i samfunnet. Ved klare avtaler vedrørende de praktiske forhold, mener vi at CG kan få fortsette den gradvise oppbygningen av sin funksjon til et nivå der han blir selvstendig og kan delta i samfunnet på egne premisser.

Anne Lorentzen, fysioterapeut
Margrethe Hoen, ergoterapeut

Til Une Bonnevie Senhaje og Reidun Feiring, bydel Nordre Aker, 26. september 2003

Ragnar Hagen og jeg skriver et forslag til rehabiliteringsplan. Hvis ønskelig kan vi ha et møte om dette om noen uker. I den form jeg er i nå klarer jeg ikke å ligge med nybehandlede muskler på madrassene jeg har. Før behandlingen starter trenger jeg en Tempur-madrass (120 cm bredde) og en Sofie-madrass (150 cm bredde).

Vi må ikke trekke gamle konflikter inn i nye diskusjoner. Det som har skjedd har skjedd. Nå må vi se fremover. Det er ikke lett, men viktig. Jeg må igjennom mye smerte i behandlingen fremover, men gleder meg stort til endelig å rette snuta rette veien igjen.

Med vennlig hilsen,

Christian P. G.

Kopi: Ragnar Hagen og Folke Sundelin (bydelsoverlege)

Til Beatrice, sosialkontoret, september 2003

Ja, min situasjon er uklar nå. For eksempel vet jeg ikke om jeg blir uføretrygdet. Jeg er nettopp tilbake fra Sunnaas-opphold. Jeg skal ha møte med dem snart. Ja, jeg lever på lånte penger nå. Jeg vil svært gjerne søke om midler til livsopphold.

Tusen takk for din telefon.

Med vennlig hilsen,

Christian P. G.

Til Ragnar Hagen, september 2003

Bakgrunnsinformasjon til møtet med Sunnaas og bydelen

Det er til stor hjelp hvis vi får tilgang til bassenget på sykehjemmet og kan legge en liten madrass der. Slik kan jeg hvile før og etter svømming. Hvis dette går i orden trenger vi ikke Cato-senteret eller lignende institusjoner. Opphold på Cato-senteret er uansett begrenset til åtte uker. Vi trenger et basseng mye lenger. Når vi begynner behandling på fredager må hjemmehjelpen komme før behandlingen fordi jeg blir utslitt av behandling. En annen mulighet er at hjemmehjelpen kommer en annen dag. Du kan fortelle om småfeilene i rapporten. Vennligst bruk mobilsvar fremover.

Med vennlig hilsen,

Christian P. G.

På grunn av årsaker beskrevet tidligere var jeg for syk til å delta på møtet med Sunnaas sykehus. Representanter fra bydelen og min fysioterapeut var tilstede. På møtet sa Solrun Sigurdardottir fra Sunnaas at jeg sannsynligvis hadde konversjonslidelse. Hun holdt et lite foredrag om denne diagnosen. Det finnes ikke skriftlig informasjon fra Sunnaas der det står at jeg har konversjonslidelse. Allikevel ble denne diagnosen utgangspunktet for bydelens holdning overfor meg fra dette tidspunktet. I referatet på de neste sidene kommer det frem hvordan jeg ser på dette. Ragnar Hagen konfronterte helsearbeiderene fra Sunnaas med at jeg nesten ikke hadde

fått mat på over 40 timer. Solrun Sigurdardottir sa at det var en test. Alle aksepterte dette, blant annet bydelsoverlege Folke Sundelin, fysioterapeut Reidun Feiring og sykepleier Une Bonnevie Senhaje. I moderne vitenskap finnes det ingen test der matmangel over tid brukes som virkemiddel på mennesker. På møtet ble det bestemt at jeg ikke skulle ha direkte kontakt med noen av mine behandlere. Bydelen tok initiativ til dette. Ingen behandlere har noen gang foreslått innskrenket kontakt med meg. Det er vanskelig å tolke dette som noe annet enn informasjonskontroll. Det er i slike situasjoner man føler seg mest maktesløs. Det blir som om sjefen din nekter deg å prate med hans sjef. Men det dreier seg om livet ditt, ikke bare jobben. For meg er det fortsatt uforståelig at man kan kneble en klient slik. Var jeg en trussel? Er det lovlig?

Et eksempel på et møte med trusler, feilinformasjon og lite dialog (utdrag), oktober 2003

- Bydelen vil satse på deg i ett år, sier hun. Deretter blir det sykehjem, forstår du det? Solrun Sigurdardottir fra Sunnaas sykehus stirrer på meg som om blikket i seg selv skal få meg til å innse alvoret i situasjonen.

Hun tror jeg ikke vet hvor dyrt det er å ha klienter på sykehjem, tenker jeg. Hun tror jeg ikke vet at bydelen vil gjør alt for å holde meg hjemme. Jeg lurer på om de bruker slike trusler overfor andre også.

- Du vet vi bare vil ditt beste?

Hensikt er ikke alltid relatert til effekt, tenker jeg.

- Du hadde problemer med å gå ut i stua for å spise, er det riktig?

Jeg nikker.

- Du må ha mål.

Du mener jeg må ha dine mål, tenker jeg.

- Jeg har laget en rehabiliteringsplan med min fysioterapeut med konkrete kriterier og mål, sier jeg.

- Du får hjelp hjemme hver dag nå, ikke sant?

- Nei.

- Du har fått denne behandlingen i årevis uten effekt, ikke sant?

- Nei.

Hvem har gitt henne denne feilinformasjonen? Jeg har ikke gitt noen tillatelse til å snakke med denne damen om min sykdomshistorie, tenker jeg.

- Vi tror du har konversjonslidelse.

- En rekke fagpersoner, blant annet fysioterapeuten ved ditt eget sykehus, mener noe annet. De er enig med mine fysioterapeuter i Norge og USA om at det i hovedsak er et nevromuskulært problem.

- Vi tror du har begge deler.

- Nei, nei, se i diagnoseboka di. Slike diagnoser gis når det ikke finnes grunnlag for å tro at noe fysiologisk galt.

Hva skjer? Har de skrudd av hjernene sine?, tenker jeg.

- Da vi fikk søknaden og leste alle papirene trodde vi allerede da at vi ikke kunne hjelpe deg.

Så de hadde bestemt seg før jeg kom. Hva er definisjonen på forutinntatthet? Dette er farlig nær, tenker jeg.

En annen stemme: - Du fortalte meg at du ble stresset av aktivitet, ikke sant?

- Nei, det blir jeg ikke og det kan min fysioterapeut bekrefte. Jeg sa til deg at jeg ble stresset av folk som blir aggressive og skal presse meg til å forstå at hvis jeg bare vil så blir jeg frisk.

- Du blir din egen verste fiende hvis du skal bestemme behandlingen.

Skal en pasients tilbakemelding om hva som fungerer ikke bety noe? I så fall er det nytt for meg, tenker jeg.

- Hvorfor begynner man ikke å bruke mine ressurser? Hvorfor er mine synspunkter uten interesse?

Intet svar.

Her gjelder det å ikke bli fly forbannet. Det vil bare gjøre ting enda verre. Jeg kan ikke bruke mer energi på utredninger og møter jeg blir sykere av. Prøv å avslutte møtet uten bråk, tenker jeg.

Epikrise fra Sunnaas sykehus, 28. oktober 2003

Dato diktert: 27. oktober 2003 Post 3 LEOR/west

Til: Knut A. Gråbø, Harbitzalléen Legesenter, Pb 340, 0213 Oslo.
Vedr. pasient: Grimshei Christian 11.11.11 4444 Helseskogen 19, 0111 Oslo
Trygdekontor: Oslo
Diagnose: Z5080 Kompleks rehabilitering
    M79.1 Myalgi
Innlagt dato: 01.09.2003 **fra:** Hjemmet
Utskrevet dato: 10.09.2003 **til:** Hjemmet

Resymé:
Pasienten er en 32 år gammel mann, ugift, bor alene, studert psykologi, men grunnet sine plager ikke tatt siste praksisåret, inntil 1996, frisk, fikk da myalgier tendinitter i underarmer, dette startet mye ved datamaskinen, og han anskaffet et stemmegjenkjenningsprogram, men det medførte smerter i halsen. Etter hvert også smerter i andre deler av kroppen. Snakking gir smerter, og han kommuniserer nå med blokk og tegnspråk, prater kun litt pr. dag. Han har prøvd mange behandlingsformer, blant annet vært i USA, for trening, han har i den siste tiden ikke fungert i det hele tatt. Venter svar på grunnstønad og uførepensjon.

Forløp og vurdering:
Pasienten ble innlagt for vurdering av rehabiliteringspotensial. Det ble vurdert av et tverrfaglig team, men vi kunne ikke fullføre alle nødvendige tester, da pasienten frivillig ba om å bli utskrevet. Pasienten ble informert at vi ikke var ferdige med å undersøke ham. Vi har ikke funnet noen kliniske utgangspunkt for at han lider av nevromuskulær sykdom, men det er ikke konklusivt. Nevropsykolog var til stede ved avslutningssamtalen, og pasienten ble

informert at vår plan var å henvise ham til psykiatrisk vurdering. Vi skal ta kontakt med kommunen, for å hjelpe ham med videre oppfølging. Pasienten var enig i dette. Pasienten ble utskrevet etter eget ønske, og det ble avtalt møte med kommunen som ble utført den 25.09.03. Fra Sunnaas sykehus var det Margrethe Hoen, ergoterapeut, Solrun Sigurdardottir, nevropsykolog, overlege, avdelingssykepleier, privatpraktiserende fysioterapeut.

Det ble informert at Sunnaas sykehus ikke har fått formidlet det tverrfaglige vurderingsresultatet til Christian P. G., men han dro fra Sunnaas sykehus før oppholdet var avsluttet. Vårt mål var en funksjonsvurdering for å vurdere hans rehabiliteringspotensial. Det er ikke vårt mål her på Sunnaas sykehus å stille diagnose, da det krever omfattende undersøkelser, og det at pasienten dro før vi var ferdige med vår funksjonellvurdering.

Med vennlig hilsen

Leandro Orozco
Ass. lege, VRS-avd.

Legen skriver at jeg frivillig avbrøt oppholdet. Kan man kalle det frivillig hvis en person drar fra et sted fordi personen ikke får mat? Det står ingenting om hvilke tiltak de iverksatte. Han antyder dermed at årsaken til at jeg dro ikke var relatert til hva som skjedde på sykehuset. Han nevner ikke at fysio-/ergoterapirapporten fra hans eget team er i strid med konklusjonen som ble fremsatt som Sunnaas' oppfatning på møtet med helsearbeiderne i bydelen min.

To i teamet nektet å se på utenlandske rapporter, inkludert ham selv. De som var interessert i de utenlandske testene (og de positive resultatene av behandlingen i Norge basert på disse testene) var nettopp fysio- og ergoterapeutene.

Legen skriver at de ikke har satt noen diagnose på meg. Men noen dager tidligere hadde psykologen fra Sunnaas sagt at jeg sannsynligvis hadde konversjonslidelse. Hvis de hadde endret oppfatning på disse dagene tilsier fagetikk at de burde fortalt bydelen om dette. Jeg finner det mer sannsynlig at de ikke hadde endret oppfatning, men at de ikke ønsket en dårlig fundert diagnose i epikrisen.

Dette er et skrekkeksempel på en leges misbruk av makt. Etter denne rapporten fikk jeg store problemer med å finne en lege som var interessert i min versjon og som ville se på andre rapporter. Institusjoner som Sunnaas har enorm makt i helsevesenet. I lange perioder var jeg uten lege.

Til dr. Knut Gråbø, oktober 2003 (sammendrag av to brev)

Det er altså uenighet i teamet på Sunnaas også. Jeg er fortsatt i sjokk over hva som skjedde der, men trodde alt ville ordne seg da jeg fikk fysio- og ergoterapi rapporten. Det er en svært vanskelig periode nå. Derfor vil jeg presentere den vedlagte planen for bydelen. Hvis de ikke vil støtte den kutter jeg ut bydelen, selger musikkstudioet og leier en assistent mens jeg skriver en ny bok. Jeg har ikke noe valg. Jeg blir fysisk og mentalt sykere og sykere på grunn av stresset og fordi medisinbruken er altfor høy (på lang sikt). Nå har jeg ca. 10 Paralgin Forte og 20-22 Vival igjen. Jeg trenger nye resepter allerede nå. Da fysio- og ergoterapirapporten fra Sunnaas sykehus kom sank medisinbruken 50 %. Det er godt å vite.

100 % konfidensielt.

Christian P. G.

Vedlegg 1: Min faks til Sunnaas sykehus

Vedlegg 2: Rehabiliteringsplan (laget av min fysioterapeut og meg)

Vedlegg 1 var faksen min til Sunnaas. Den er gjengitt i begynnelsen av dette kapittelet. Rehabiliteringsplanen er gjengitt senere i boka.

I en periode tok jeg Nevrontin og Sarotex mot spasmer og for å få sove. Fra 2002 brukte jeg 50 Paralgin Forte og 100 Vival (5 mg) pr. måned. Man kan si mye negativt om medisiner, men

jeg tror de var livsnødvendige for meg i denne perioden. Nå bruker jeg kun Vival og Paralgin Forte i mindre doser.

Forslag til rehabiliteringsplan, levert til bydelen i oktober/november 2003

Av Christian P. G. (pasient) og Ragnar Hagen (fysioterapeut)

Myofascial Pain Syndrome (MPS) er et viktig begrep i denne planen. Det har vært en eksplosjonsartet økning i forskning på dette området de siste 15 årene. Se for eksempel Simons & Travell (1999) eller doktorgradsarbeidet til Jan Dommerholt for mer informasjon. Ragnar Hagen har blitt kurset i dette.

Forslaget bygger på rapportene fra fysio- og ergoterapeutene på Sunnaas sykehus, Jan Dommerholt (Christian P. G.s fysioterapeut i USA), Statens senter for logopedi, Svein Nilsson og psykologspesialist Asbjørn Solevåg. Enkelte har andre oppfatninger (tentativt psykotisk, har kanskje konversjonslidelse, tendinitt uten tendinittsymptomer og så videre). Et viktig poeng er at det ikke er enighet blant de sistnevnte.

Man kan sammenligne denne situasjonen med en bilkollisjon med 10 vitner. Fem av vitnene er ikke enige med hverandre om hva de så. Oppfatningene til de fem andre er ikke motstridende i forhold til hverandre og gir et annet bilde av bilkollisjonen. Hvem ville du tro på?

1. Hva må være tilstede for at Christian P. G. skal kunne begynne i en 1/3 stilling på et praksissted?

a) Christian P. G. må kunne sitte over lengre tid. Dermed må sete- og hamstringsmusklene være helt ferdigbehandlet. Sete- og hamstringsmuskulaturen bør være blant de første musklene vi behandler fordi

Christian P. G. ikke kan dra til venner (han klarer ikke ligge på en vanlig madrass over tid). Sete- og hamstringsmuskulaturen er stedet hvor han har mest vondt og flest spasmer i hverdagen.

Å ferdigbehandle disse musklene vil ta ca. 12-18 måneder. For eksempel tok det 3-4 måneder å ferdigbehandle **m. multifidus** (en muskeltype i ryggen). Sete- og hamstringsmuskulaturen kan kun behandles på én side av gangen, ellers klarer ikke Christian P. G. å gå etter behandling.

Det er en ekstrem belastning for en svært skadet muskel å bli behandlet de første gangene. Krampene er veldig kraftige. Muskelen trenger mest mulig hvile de første dagene etter en behandling. Vår erfaring er at hvis muskelen ikke får denne hvilen er behandlingen nesten uten effekt. Muskelen kan også bli verre. De første 4-6 behandlingene kan sete- og hamstringsmuskulaturen kun behandles hver 7.-14. dag. Det vil si at behandlingen blir maksimalt én gang pr. uke i begynnelsen. To løsninger er mulige:

- Christian P. G. blir kjørt fra Ragnar Hagen i taxi og blir assistert inn i leiligheten.

- Christian P. G. bor på en institusjon de første 4-6 månedene og Ragnar Hagen kommer dit.

b) Kjeve- og halsmuskulaturen, spesielt **m. scalenus** og **m. sternocleidomastoideus**, må være nesten ferdigbehandlede for å kunne kommunisere med nikking, hoderisting og prating. Stemmen ble mye verre av Sunnaas-oppholdet, og er fortsatt langt fra det nivået den var på før innleggelsen. Noen setninger pr. dag er maksimalt nå. Denne forverringen skjedde på samme måte som tidligere forverringer: Christian P. G. presses til å øke aktiviteten langt over det han selv mener er riktig basert på hvor mye smerte, spasmer etc. han får. Årsaken til presset er også som før: Legen ved Sunnaas startet med en hypotese om diffuse plager der organisk skadede muskler er av liten betydning. MPS er annerledes. Å tenke på Christian P. G. som en tradisjonell myalgi-pasient er den største feilen man kan gjøre. På nesten ni år har Christian P. G. kun respondert positivt over tid på MPS-behandling. Tendinitt, diffuse plager og så videre har annerledes etiologi, tester og behandling sammenlignet med MPS. MPS er altså pr. definisjon en annen diagnose.

Hvor mye bedre stemmen kan bli er usikkert fordi vi ikke kan behandle de indre halsmusklene. De første månedene kjeven behandles kan Christian P. G. snakke og tygge svært lite, flytende føde blir basismat.

c) Skulder- og skulderbuemuskulatur må være bedre, men trenger ikke være ferdigbehandlet. Dette er nødvendig for å kunne spise normalt, skrive en del og så videre.

Vi rekker nok ikke mer enn disse tre punktene på 12-18 måneder. Vi kan muligens begynne behandling av nakke/rygg. For å kunne starte i praksis uten å være ferdigbehandlet trenger Christian P. G. adekvate hjelpemidler. Hvilke hjelpemidler som er mest hensiktsmessige avhenger av hvor langt rehabiliteringen er kommet og hvilke muskelgrupper som gjenstår. Det er ønskelig at bydelen er behjelpelig med vurdering og anskaffelse av disse når tiden er inne. Christian P. G. er villig til å selge musikkstudioet sitt for å finansiere dem hvis ikke annet er mulig.

Basseng kan brukes når sete- og hamstringsmuskulaturen er bra nok til å ligge på en madrass før og etter Christian P. G. har vært i vannet (fem-seks måneder?). Da må assistenthjelpen økes med to timer fordi sykehjemmet krever tilsyn ved bassenget. Inntil en muskelgruppe er i homøostase (se del 2) er bevegelse i basseng kun egnet for å desensitivere nervesystemet og for å få kroppen i gang. Det vil si ingen repetisjoner, kun myke bevegelser.

2. I tillegg til de tiltak som er nå trenger Christian P. G. følgende:

a) Støttekontakt tre timer pr. uke inntil han klarer å dra ut til venner.

b) Sosionom eller lignende fire timer pr. uke for å skaffe og lære opp vikarer for assistenten, avlaste assistenten ved behov og lese inn fagbøker på tape (Christian P. G. trenger noe meningsfylt å gjøre).

Del 2 Grunnlaget for planen og mer om opptrening

Twitch er et begrep som brukes i denne delen av planen. Det betyr "Local twitch response". På norsk er et dekkende uttrykk "en behandlingsindusert krampe". Forkortelsen TrP er en betegnelse som betyr "myofascielt triggerpunkt". Dette er ikke det samme som et triggerpunkt slik det vanligvis defineres i Norge.

Utover høsten 2002 lærte vi mye om hvilken behandling som fungerer på Christian P. G. Christian P. G. er den første pasienten Ragnar Hagen behandler på denne måten. Vi klarte å få flere muskler symptomfrie. Våre erfaringer er illustrert i grafen på slutten av planen.

Ved å se på figuren kan man trekke mange slutninger. Vi vet ikke hva som er minimalt nødvendig for homøostase, men vi vet hva som er tilstrekkelig: Alle musklene vi har fått i homøostase har hatt svært få eller ingen twitch. Når en muskel kommer til dette stadiet oppnår vi alt som står øverst på y-aksen automatisk. Kriteriet for når en muskel er ferdigbehandlet bør altså være **et minimalt antall twitch**. Hvis dette målet ikke nås, men alle de andre tegnene er tilstede, vil kriteriet allikevel anses som nådd. Kriteriet er strengt for å minske risikoen for å stoppe behandlingen i sone A. Dette har vi slitt med. En mulighet er å følge modellen helt i det første området vi behandler ferdig. Da mener vi ikke at vi skal deaktivere alle TrP ved hver behandling. Men det skal være veldig vanskelig å få twitch når vi har behandlet et område ferdig. I det neste området fjerner vi ikke alle, men nesten alle TrP. Hvis det går bra fjerner vi færre TrP i neste område før trening. Slik starter vi med suksess og etter hvert finner vi ut hvor mange TrP som må deaktiveres for at en muskelgruppe skal fungere stabilt.

Opptrening:

Økning i hverdagsaktivitet skjer hele tiden i en god behandlingsperiode. Eksempler er å kle på seg hurtigere, vaske håret oftere og så videre. I begynnelsen går det så smått at det er vanskelig å se for andre. Det er mulig å avpasse aktiviteten presist i forhold til hva en muskel tåler. Denne typen aktivitetsøkning kan skje selv om de involverte musklene ikke er i homøostase.

Følgende bør være tilstede før Christian P. G. begynner bassengtrening: De viktigste musklene i nakke, rygg og bein må være i homøostase. Disse musklene har mest belastning under bassengbesøk. Han bør kunne gå fire ganger rundt huset på to timer uten at de involverte musklene blir verre over tid.

Christian P. G. kan utføre Tai Chi med muskler som ikke er i homøostase. Trening med slynge kan benyttes når en muskelgruppe er i homøostase. Nevromuskulær trening, spesifikk stabiliserende trening, styrke og utholdende trening er viktig for å oppnå et stabilt aktivitetsnivå. Dette kommer langt fram i prosessen.

Belastninger:

a) Muskler i homøostase tåler aktivitet uten at Christian P. G. får spasmer, smerte eller funksjonssvikt.

b) Det har aldri skjedd at en muskel som reagerer med spasmer eller lignende på en aktivitet har blitt bedre etter å ha utført aktiviteten flere ganger. Hvis Christian P. G. fortsetter aktiviteten forsvinner ikke symptomene, men forverringen forsterkes. Det er altså rimelig å anta at mange spasmer og så videre etter aktiviteter er reaksjoner på overbelastninger. Man kan ikke si apriori at en belastning er så liten at en muskel burde klare den. Det er et empirisk spørsmål – belastninger er relative, ikke absolutte. Et eksempel er en overbelastning i november 2002. Før denne episoden tålte Christian P. G. en viss mengde aktivitet før han måtte ta pause. For eksempel kunne han kle på seg før han trengte hvile. La oss kalle dette en enhet. Denne dagen utførte han 9-10 slike enheter på en time. Man kan sammenligne dette med en massør som må massere 70 timer i strekk. Det er dette som ligger i ordene "belastninger er relative".

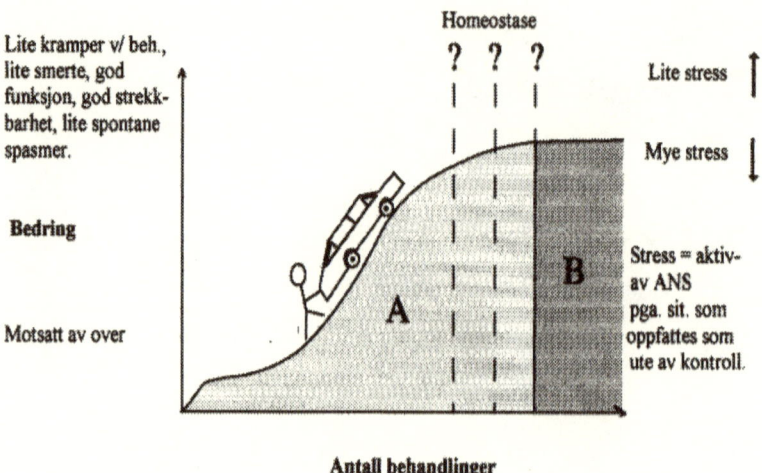

Figur 1 Dette er en visuell fremstilling av våre erfaringer fra behandling av meg med MPS-metoder (data-drevet generalisering er en vitenskapelig måte å si dette på). X-aksen viser antall behandlinger. Y-aksen (den vertikale) viser bedring.

ANS betyr det autonome nervesystem. Det aktiveres av stress (for meg er dette mangel på mat, rene klær og og så videre.). Homøostase er et begrep som brukes for å si at et system er i balanse. Her betyr det at en muskel fungerer normalt.

Bilen viser at hvis man ikke behandler en muskel til den er i homøostase, så vil den sakte men sikkert bli verre igjen. Hovedpoenget med figuren er: Når en muskel kunne strekkes normalt og det var lite kramper ved behandling forble muskelen symptomfri.

Vi fikk respons fra bydelen på denne planen ca. tre måneder senere. Svaret var at de skulle komme til meg i mai for diskutere videre samarbeid. Det vil si et halvt år etter at vi hadde levert planen. På dette tidspunktet hadde jeg blitt vant til uventede avgjørelser. Men dette sjokkerte meg.

Til Une Bonnevie Senhaje, 25. oktober 2003

Jeg orker ikke besøk etter det som skjedde fredag. Jeg prater gjerne med Asbjørn Solevåg om temaer som mål, motivasjon og hvor gammel jeg kan bli. Men dette er psykologiske samtaler som er svært alvorige, og som det ikke er riktig at en fra hjemmetjenesten tar opp. Hvis Asbjørn Solevåg eller en annen psykolog hadde begynt å massere meg på låret ville jeg reagert kraftig. En kognitivt orientert psykolog masserer ikke og en hjemmehjelp utøver ikke samtaleterapi. Innen neste besøk trenger jeg to ting bekreftet:

1. At dette ikke gjentar seg.

2. At dere ikke følger en bestemt plan før møtet bydelsoverlegen har foreslått er gjennomført (et møte mellom blant annet Asbjørn Solevåg og psykologen fra Sunnaas sykehus).

På gode dager kan jeg lese 2-3 SMS. Vennligst bruk min mobilsvar.

Med vennlig hilsen,

Christian P. G.

Kopi: Folke Sundelin, Ragnar Hagen og Asbjørn Solevåg

En hjemmehjelp tok opp tema som for eksempel hvorfor jeg var syk og hvordan jeg skulle bli frisk. Hun sa blant annet til meg at jeg var ung og kunne leve et langt og godt liv hvis jeg ville. Mitt inntrykk var at hun fulgte bydelens mål som de uttrykte i referatet fra møtet med Sunnaas noen uker tidligere.

Der skrev de at det viktige var at jeg innså at jeg hadde en konversjonslidelse. Vi diskuterte heftig i 20-25 minutter. Jeg spurte henne blant annet om hun visste hva som stod i for eksempel fysio- og ergoterapirapporten fra Sunnaas. Det visste hun ikke. På denne tiden var jeg mentalt utslitt og nesten uten stemme. Den ble enda dårligere etter denne episoden. Jeg orket rett og slett ikke mer av dette.

Til Une Bonnevie Senhaje, 1. november 2003

Jeg har ikke fått svar på min faks til deg datert 25. oktober. Jeg har derfor valgt å ikke ha hjemmetjenesten siste uke. Jeg har nesten bare spist mini-pizza og biola. Dette er mat jeg klarer å lage selv. Situasjonen er svært ille. Jeg er avhengig av hjemmetjenesten, men jeg kan ikke ha flere episoder som den for ti dager siden.

Med vennlig hilsen,

Christian P. G.

Kopi: Asbjørn Solevåg, Ragnar Hagen og Folke Sundelin

Til dr. Knut Gråbø, 1. februar 2004

Jeg har fått svar fra bydelen på mitt og Ragnar Hagens rehabiliteringsforslag:

"Hei. Planen etter møtet med Folke Sundelin er at du får besøk av Jørn Liebezeit og Elin Senum som skal snakke med deg om videre oppfølging. De kan komme onsdag 28. mai kl. 10.00. Hilsen Une Bonnevie Senhaje"

Å diskutere mitt og Ragnar Hagens rehabiliteringsforslag uten Ragnar Hagen er som å prate om medisinering uten en lege tilstede. Dette tyder på at forslaget ikke er på deres dagsorden engang. Rehabilitering er dermed umulig. Jeg sier fra til bydelen på møtet i mai for å beholde assistent og så videre lengst mulig mens jeg tilrettelegger for et liv uten dem.

Blir det vanskelig å uføretrygde meg? I så tilfelle blir jeg sosialklient. Uansett blir det mindre å gjøre med meg fra nå av. Allikevel er det klart det er krevende å ha en pasient som meg. Både ekstra tid og hodebry går med. Å fakturere meg for dette er mer enn rimelig.

Du lurer på om jeg kan finne en annen lege i bydelen. Mitt ønske er ikke å bytte lege. Jeg søkte lege utenfor bydelen etter at dr. Bendiksby kastet meg fysisk ut. Han mente jeg var trygdesnylter fordi jeg tok ham i hånden og derfor ikke kunne være syk. Hvis jeg skal finne en ny lege må jeg nok lete utenfor bydelen fordi jeg trenger en som er nøytral overfor uttalelser fra bydelsadministrasjonen og Bendiksby.

Ønsket er å fortsette hos deg. Hvis ikke det er mulig er det viktig at det blir en overlappende fase med den neste legen. Hvis han ikke vil gi meg medisiner er det mulig at jeg kan bli en fare for meg selv. Når situasjonen blir stabil kan jeg redusere medisinbruken. Men det er ikke mulig i den situasjonen jeg er i nå:

Lite familiekontakt, store smerter, kaotisk med bydelen, utslitte venner, lite søvn og uten mulighet til å gå ut.

Men jeg håper av hele mitt hjerte at jeg kan fortsette hos deg.

Med vennlig hilsen,

Christian P. G.

Faks til bydelen, 3. februar 2004

Jeg orker ikke flere møter der det virker som folk ikke har lest rapportene om meg og mener alle muskelsykdommer skal behandles likt. Jeg orker ikke mer kunnskapsløst fagarbeid. For eksempel foreslo psykologen på Sunnaas konversjonslidelse. Hun burde vite at slike diagnoser kun gis der man ikke finner noe på fysiske tester (både rapportene fra hennes eget team og fra Statens senter for logopedi viser at dette ikke er tilfelle i min sak). I tillegg ble jeg matdeprivert i 41 timer. Hvis man kan bryte menneskerettigheter slik og blir tatt på alvor, melder jeg meg ut ev leken eller tar den til en annen arena (for eksempel media). Bydelen har brutt minst 3-4 menneskerettigheter, se vedlegg. Jeg har sagt dette på møter, men det har blitt utelatt fra referatene. Jeg har selvsagt vitner.

Jeg håper jeg kan beholde en assistent via ULOBA. Kontakt meg kun pr. brev fra nå av. Polemikk vil bli kastet. Overlegens e-post av i dag vil ikke bli åpnet. Mister jeg assistent vil jeg kun være opptatt av å forebygge slikt for andre. Siste året har vært ekstremt tøft. Jeg var i jegertroppen i Garden. Det er barnemat i forhold.

Med vennlig hilsen,

Christian P. G.

Vedlegg: "Maktmisbruk og urettferdige forhold etter 1. januar 2003"

Vedlegget er gjengitt i det første kapittelet. Dagen før jeg skrev dette brevet var hjemmetjenesten hos meg. Tidligere hadde de satt opp en møtetid med meg i mai. Nå ble det sagt

at møtet var fremskyndet til 4. februar. Det var ikke mulig for meg å ha et møte denne dagen fordi jeg hadde en legetime 5. februar. Stemmen ville ikke tålt to møter på to dager. Dette aksepterte ikke hjemmehjelpen og sa at folk ville komme til meg 4. februar uansett. Jeg har prøvd å tenke meg en lignende samtale mellom to likeverdige individer som vil samarbeide om et mål. Jeg har ikke klart det.

Helsemessig var det ikke mulig for meg å fortsette på denne måten lenger. Etter dette mottok jeg flere brev fra bydelen, som jeg av de overnevnte årsaker ikke hadde hjelp eller krefter nok til å åpne. De ligger fortsatt uåpnet i en perm.

Til Christian P. G., 3. februar 2004

Jeg har forstått at du har ventet svar fra meg vedrørende ditt forslag til rehabiliteringsplan. Slik jeg oppfatter planen, er den et godt utgangspunkt for deler av din behandling og rehabilitering, men den ivaretar ikke helheten og følger ikke opp Sunnaas sykehus sine konklusjoner for behandling, rehabilitering og oppfølging.

Overlegen refererer til den muntlige konklusjonen fra den ene fagpersonen fra Sunnaas. Den er ikke i overensstemmelse med de offisielle papirene fra Sunnaas eller noen andre rapporter.

Bydelen er nødt til å forholde seg til råd vi får fra spesialisthelsetjenesten, og vi savner en fagperson som kan være behandlingsansvarlig, fortrinnsvis en lege eller en psykolog. Det er derfor synd at Asbjørn Solevåg ikke hadde kapasitet til å påta seg dette ansvaret. Jeg vurderer det slik at ditt behandlings-/hjelpebehov er så omfattende, noe også utviklingen har bekreftet, at vi ikke kan ta en endelig stilling til planen før du har en som kan være faglig ansvarlig for behandlingen og koordinere oppfølgingen. Vi er glad for at du ønsker å medvirke til din egen individuelle plan, helt i tråd med intensjonene i dagens pasientlover. Men for meg og oss er det altså ikke ensbetydende med at du selv styrer din egen behandling. Jeg håper derfor at du, og din fastlege, finner en som kan påta seg dette ansvaret, herunder også følge opp samarbeidet med bydelens hjelpeapparat. I ventetiden på at så skjer, har bydelen funnet behov for å styrke innsatsen fra hjemmetjenestene. Det inkluderer også et arbeid fra vår side for å kartlegge hvilken hjelp du trenger, og hva som best skal være vårt bidrag i en individuell plan. Det er derfor, etter drøfting med hjemmetjenesten og på mitt råd, at vi for en periode har tilbudt utvidet hjelp til deg og samtidig nødvendig kartlegging for oss. Vi har utpekt en ergoterapeut (Elin Senum) som jobber mye med individuell bo-oppfølging, og en fra bydelens psykiske hjelpetjeneste (Jørn Liebezeit) til å ivareta disse oppgavene for deg og oss, og vi håper at det vil vise seg å tjene begge hensyn på en god måte. Jeg har skjønt at hjemmetjenesten har gitt beskjed om at de to kommer på sitt første besøk i morgen onsdag 4. februar kl. 1000, og jeg forutsetter at det går greit. For å sikre at mitt innspill rekker fram, varsler jeg på SMS at jeg sender det på e-post til deg. Jeg tar også en kopi av denne e-posten og sender den til din fastlege, så han er orientert om hva vi gjør i din sak og hva vi håper at vi kan hjelpe deg med. Dersom du har andre kommentarer til mitt foreløpige svar, regner jeg med at jeg får høre i fra deg.

Beste hilsen

Folke Sundelin
Bydelsoverlege

Jeg leste ikke denne e-posten fordi øynene var svært ille. En kopi ble sendt til lege min uten min tillatelse. Han leste den opp for meg da jeg var hos ham 5. februar.

I ettertid har jeg tenkt at det var liten grunn til å tro at en fornuftig dialog var mulig. På et tidspunkt må man ta mer hensyn til hva en institusjon gjør enn hva de skriver. Men jeg bestemte meg for å prøve å samarbeide med bydelen enda en gang.

Til Folke Sundelin, bydelsoverlege i Nordre Aker, 9. februar 2004

Assistenten og jeg rekker kun basisbehov nå. Mange brev er uåpnet, renholdet er dårlig og så videre. Planen din er grei, bortsett fra at bistand må være i form av assistent via ULOBA, ikke hjemmetjenesten. Jeg kan stille på konstruktive måter, men jeg trenger minst tre ukers frist. Jeg må planlegge prating. Hvis jeg prater mye over kort tid får jeg store problemer. Den 5. februar hadde jeg time hos legen derfor var et møte 4. februar umulig. Dette aksepterte ikke hjemmetjenesten da de var her 2. februar. Det ble sagt at folk ville komme til meg 4. februar uansett. Slik oppførsel går ikke an. Dessuten hadde jeg en avtale med Une Bonnevie Senhaje om at slike tema ikke skulle tas opp av de som kom hjem til meg.

Ragnar Hagen burde også være med på et eventuelt møte fordi han kjenner rehabiliteringsplanen og kan avlaste min prating. Ragnar Hagen prøver å få tak i dere. Jeg avventer respons fra ham.

Med vennlig hilsen,

Christian P. G.

Faks til Ragnar Hagen og Folke Sundelin, 1. mars 2004

Vi kan møtes 24. mars og 14. april kl. åtte i Hareveien. Slik rekker min assistent dag jobben sin. To møter på 30 minutter er bedre for meg enn ett langt møte. Jeg treffer en mulig behandlingskoordinator 3. mars. Dette haster:

1. Kan assistenttimene økes til 10 timer midlertidig?

2. En Sofie-madrass (150x200 cm). Jeg savner også informasjon om mange hjelpemidler jeg skulle få. Kan ergoterapeuten kommunisere med min assistent?

Med vennlig hilsen,

Christian P. G.

Jeg fikk ingen respons på det jeg skrev hastet i denne faksen. Det er ikke mulig å diskutere langsiktige rehabiliteringsplaner hvis ikke grunnleggende behov er dekket. Jeg begynte å forstå at det planlagte møtet ikke nødvendigvis ville forandre noe. Min helse var så dårlig at jeg ikke kunne delta på flere møter som ikke gav noe resultat. I begynnelsen av dette kapittelet er det et eksempel på et slikt resultatløst møte. Etterpå klarte jeg nesten ikke å prate på flere uker. Naturlig nok begynte jeg også å bli mentalt utslitt av situasjonen. Derfor skrev jeg det neste brevet for å forvisse meg om at møtet ville skje på mine premisser. Det kan selvsagt tolkes som motvilje. Men når jeg prøvde ut opplegg, og det ikke gikk den positive veien, ble

også dette tolket som motstand fra min side (for eksempel av deler av teamet på Sunnaas og etter andre treningsopplegg). Det ville være en meget stor risiko for meg å prøve ut flere behandlingsopplegg som innebar aktivitet uten vesentlig hensyn til mine tilbakemeldinger om smerter og spasmer. Hvis jeg hadde blitt enda sykere ville jeg ikke vært i stand til å se, gå, tygge eller prate nok til klare meg selv.

Senere holdt Folke Sundelin to foredrag ved en konferanse om rehabilitering. Noen av stikkordene i presentasjonene var "pasientrettigheter" og "Samhandling på dagsorden: Realiteter, fagre ord eller bare snakk?". En av de som hadde makt til å gjøre noe med min situasjon fra år 2000 var Folke Sundelin.

Til Ragnar Hagen og Folke Sundelin, 20. mars 2004

Del 1: Forutsetninger som ikke er forhandlingsbare på det planlagte møtet

a) Jeg begynner behandling blant annet hos en klinisk psykolog som jeg finner. Jeg inngår en psykologisk behandlingsrelasjon kun til denne personen. Ventetiden hos psykologer med refusjonsordning er ett til to år. Dermed er det uaktuelt. Bydelen må altså betale for denne behandlingen. Jeg ønsker ikke å gå til psykiater blant annet fordi de ikke har utdannelse i mestring. Det er uaktuelt å diskutere en psykologisk diagnose før denne psykologen eventuelt mener det er relevant.

b) Bistand må være i form av assistent via ULOBA, ikke hjemmetjenesten.

Hvis dette ikke kan aksepteres ønsker jeg at møtene avlyses. Jeg må ha en bekreftelse pr. e-post om at dette er greit før tirsdag kl. 17.00. Jeg ønsker ikke svar hvis det er negativt, da sender jeg avlysning automatisk. Jeg er dessverre blitt så syk at jeg ikke kan bruke tid og stemme på å diskutere punkter der det ikke er mulig å gjøre kompromiss. Det vil si at jeg vil miste troen på at rehabilitering er mulig hvis noen av disse punktene ikke aksepteres. Hvis noen av punktene blir tatt opp på møtet kommer jeg til å heve møtet. Bortsett fra dette kan vi diskutere alt.

Det var tydelig at bydelen var opptatt av en psykisk oppfølging. Det var ok for meg, men det måtte skje på en faglig forsvarlig måte. Derfor ville jeg til en psykolog utenfor bydelen. Tidligere hadde de ønsket at en fra den psykiske hjelpetjenesten i bydelen skulle komme til meg. Hvis jeg

hadde trodd at en konstruktiv dialog var mulig med en fra bydelen ville jeg gått med på dette. Men jeg antok at den eneste muligheten var at en utenforstående så på saken med nye øyne. Jeg har erfart at sjansene er gode for at jeg får en fornuftig dialog med en helsearbeider hvis han/hun ikke sitter med forhåndsinformasjon fra for eksempel bydelen.

Det var viktig for meg at ULOBA ble engasjert fordi de organiserer ansettelse og opplæring av assistenter, blant annet anskaffelse av vikarer. Bydelen gjør en dårlig jobb med dette. Når en assistent slutter er jeg ofte uten assistent i flere uker.

Del 2: Forutsetninger som er forhandlingsbare på det planlagte møtet

I september 2003 var jeg på Sunnaas sykehus. Da skrev jeg min del av rehabiliteringsforslaget. Siden dette har jeg blitt sykere. For eksempel kunne jeg gjennomføre ett møte pr. uke for ett år siden. Nå klarer jeg kun ett møte hver tredje uke med lite prating. Dette har naturlig nok konsekvenser for rehabiliteringsplanen fordi det betyr at jeg ikke kan bli behandlet både psykologisk og fysiologisk samtidig. Dette momentet alene betyr at rehabiliteringsperioden vil bli nesten fordoblet. I tilegg har flere muskler blitt verre, spesielt overarmsmuskulaturen og skuldermuskulaturen. Da vi behandlet underarmene fikk vi tilnærmet ingen effekt etter mer enn 20 behandlinger. Underarmene har vært lengst skadet. Det kan tyde på at det finnes et irreversibelt stadium av skade. Når vi behandler andre steder får vi bedring etter få behandlinger. Det er mulig at også andre muskler har nærmet seg dette irreversible stadiet nå. Det vet vi ikke før vi har prøvd å behandle dem. Hvis vi ikke får noen effekt etter over ti behandlinger må vi bare akseptere at det ikke er noe å hente. Men hvis vi får liten effekt pr. behandling, men bedringen er stabil over tid, er det mening i å fortsette. Det vil kunne ta flere år å ferdigbehandle hele kroppen. Vi er nødt til å tenke annerledes enn ved vanlig fysiologisk behandling. **Ikke ferdig**.

Med vennlig hilsen,

Christian P. G.

Jeg klarte ikke skrive brevet helt ferdig, men var nødt til å sende det.

Til Christian P. G., 23. mars 2004

Jeg har lest din e-post, og håper fortsatt at du vil stole på bydelens intensjoner, herunder at du, Ragnar Hagen og jeg møtes hos deg i morgen. Du har valgt å sende en e-post til meg med mange pasientopplysninger om deg, og jeg kan ikke besvare alt i en e-post, siden vi i fra bydelens side ikke gjør det med så sensitivt innhold. Jeg skulle derfor svært gjerne ha diskutert dette med deg som avtalt i morgen tidlig. Men jeg kan ikke møte deg, hvis det forutsetter at vi allerede har akseptert de vilkår du i e-posten stiller for et sånt møte. Det er flere grunner til dette: Når det gjelder de omsorgs- og støtteordninger som bydelen har ansvar for, er det bydelens ansvar å forberede og utrede slike saker i forhold til forvaltningslovens bestemmelser. Når bydelen utreder slike saker, ser bydelen det som avgjørende å sikre søkerens (pasientens/brukerens) medvirkning, jfr. også den plikt loven stiller til slik medvirkning blant annet i sosialtjenestelovens § 8-4. Men det er altså bydelen sitt ansvar å forberede og treffe beslutningene. Det var blant annet derfor jeg i min forrige e-post skrev at bydelen var avhengig av å kartlegge hvilken hjelp du trenger i vårt arbeid med en individuell plan for deg. I samme e-post (03.02.04) har vi også meldt til det at bydelen sterkt ønsker at en lege og/eller psykolog tar et langsiktig behandlingsansvar for deg, og jeg har med glede registrert at du i de siste uker har arbeidet med dette.

Du nevner betaling, og de betalingsordninger som gjelder for pasientens kontakter med leger og psykologer kan ikke bydelen påvirke. Bydelen kan heller ikke "betale for denne behandlingen", siden de egenandelene pasientene skal betale er regulert i egne avtaler med trygdeetaten, forutsatt at legen/psykologen har refusjonsordning. Grunnen til at enkelte leger/psykologer ikke får trygderefusjoner, er at de ikke har avtale med det offentlige. Bydelen ønsker primært å forholde seg til leger/psykologer som har avtale, men overlater dette til pasienten(e) selv uten å sette det som noen betingelse. Men din betaling av egenandel(er) er uansett et forhold mellom deg og legen/psykologen.

Det hadde vært fint for dine søknader og spørsmål om vi får gjennomført møtet som avtalt. Men dersom du velger å annullere møtet i morgen, håper jeg likevel at vi kan møtes på den andre avtalen etter påske (14.04.). Vi ønsker jo begge å komme videre med dine søknader og hjelpeordninger, og det er beklagelig om tiden går. Dine øvrige spørsmål skal jeg eventuelt besvare i et separat brev, dersom det ikke blir noe møte. Men først avventer jeg din reaksjon på våre møteplaner.

Beste hilsen,

Folke Sundelin
Bydelsoverlege Nordre Aker

E-post til bydelsoverlegen, 23. mars

Møtene avlyses. 1. mars ba jeg om flere assistenttimer på grunn av en akutt alvorlig situasjon. Jeg skrev også at ergoterapeuten kunne ringe min assistent om en madrass jeg trengte. Ingen av disse tingene har det blitt gjort noe med. Overlegen vil heller ikke si om bistand vil bli gitt av en assistent, og ikke hjemmetjenesten. Dette har ikke noe med sensitive opplysninger å gjøre slik det hevdes.

Få psykologer har refusjonsordning. Sosialkontoret ville nok betalt for behandling hvis overlegen gikk inn for det. Grunnlaget for videre dialog er ikke tilstede. Overlegen kan si fra til Ragnar Hagen hvis hans posisjon endres. Min faks av i dag, 4. februar og 1. mars gjelder.

Med vennlig hilsen,

Christian P. G.

Til lege og sosialkontor, april 2004

Jeg kan ikke lenger samarbeide med helsedelen i bydelen. Jeg blir sykere og sykere av å prøve. Jeg får ikke svar på de enkleste spørsmål. For eksempel har jeg ikke fått svar fra ergoterapeuten på halvannet år om hjelpemidler jeg skulle få. Både jeg og fysioterapeuten min mener at rehabilitering er mulig, men det går ikke slik situasjonen har blitt med bydelen. Hvis jeg blir sykere klarer jeg ikke meg selv uten veldig omfattende hjelpetiltak. Derfor tror jeg at min eneste sjanse nå er å få ro. Allerede etter noen uker uten at bydelen har vært her har jeg kunnet øke aktiviteten noe. Årsaken er blant annet at det blir mindre stress. Selv om jeg har gitt opp det norske helsevesenet har jeg ikke gitt opp delvis rehabilitering gjennom ro. Jeg tror jeg kan få en inntekt. Selv om den vil bli lav blir det nok til å gi livet mening. Jeg har skrevet 10-15 % av en ny bok. Den kan være ferdig om to-tre år. Det er usikkert om jeg kan ta det siste praksissemesteret av psykologistudiet. Det kommer an på hvor frisk jeg blir. Det er avhengig av hvor forutsigbar og fornuftig hverdagen min kan bli. For å ta et eksempel: Selv under langt fra optimale forhold gir den samme aktiviteten mindre spasmer nå enn for en måned siden. Det er et stort bedringspotensiale. Samtidig har jeg erfart at selv etter lange perioder uten stress når bedringen et platå. Bedringen flater ut når jeg ikke får muskulær behandling. Men jeg tror at jeg kan få et meningsfullt liv, og det er tross alt det viktigste.

Hvis man tar hensyn til de utlandske rapportene og min fysioterapeuts subjektive og objektive kriterier er det ingen tvil om hva slags sykdom jeg har. Hvis man bare ser på de norske rapportene er det ikke et mønster. Det spriker i alle retninger. Men jeg skal selvfølgelig søke uføretrygd.

Det største problemet nå er mangel på assistenttimer. Vi rekker ikke å åpne mange brev. Vi rekker ikke å finne ut hvorfor jeg ikke får hjelpestønad. Vi rekker ikke å finne ut hvorfor TT-kortet mitt ikke virker. Å gå i dialog med helsedelen i bydelen om dette klarer jeg ikke. Jeg håper på at jeg blir bedre før ting hoper seg opp for mye.

Et annet element i dette er at jeg omtrent ikke har sett venner eller familie på halvannet år. Jeg har brukt tiden på møter, utredninger og lignende. Jeg kan ikke fortsette å sitte i denne leiligheten og se i veggen. Jeg er nødt til å ta opp kontakten med venner igjen. Da blir jeg nødt til å bruke stemmen på dem og ikke på andre ting. Stemmen tåler ikke begge deler.

Møte med mitt plateselskap og dr. Ivar (utdrag), april 2004

På kort sikt har jeg få ideer. Hovedproblemet er penger. Nå prøver jeg å låne små summer av mange venner. Jeg trenger ca. 30-40.000,- fram til mars. Det vil være forskjellig hva folk kan låne bort, men jeg håper på mellom 3000,- og 10.000,- fra hver.

Jeg tror det er dumt å bruke kruttet i media nå. Det vil nok kun føre til en diagnosekrig. En debatt om menneskerettigheter og etikk er nok mest hensiktsmessig. Da trenger vi god dokumentasjon. Det får vi med boka.

En mulighet er å lage en lydbok i stereo og 5.1-format. Boka er godt egnet til det sistnevnte formatet fordi den består av autentiske tekstmeldinger, vanlig fortellerstemme og dikt. Vi kan bruke original musikk hvis budsjettet tillater det. Hvis for eksempel Amnesty og Legeforeningen blir samarbeidspartnere blir det neppe vanskelig å få med artister. Vi kan for eksempel lage en side på nettsidene til Amnesty der vi spør om folk har sett brudd på menneskerettighetene i helsevesenet. Vi kan legge ut eksempler. Det er nok vanskelig for folk å forholde deg til dette hvis vi ikke er konkrete.

Det er lurt å få med Legeforeningen som samarbeidspartner fordi de kan bli en motpart. Det er viktig å presisere at dette prosjektet ikke handler om å påpeke feil hos bestemte leger og pasienter. Det dreier seg om sosiale normer. Ut fra det samme resonnementet er det en interessant idé å utgi boka uten forfatternavn. Helsevesenet tok fra meg identiteten min og kjøre meg gjennom standardprosedyrer. Da det ikke fungerte skapte de kaos.

Med dette prosjektet kan vi gi en stemme til de pasientene som metaforisk, og ofte bokstavlig, ikke har en stemme i samfunnet. Det er nok slik at de verste og de fleste overgrepene skjer mot dem som har minst mulighet til å forsvare seg.

I dette referatet nevnes flere muligheter som jeg ikke har fulgt opp. Kanskje noen av ideene kan virkeliggjøres etter utgivelsen av boka.

Til dr. Ivar, 7. april 2004

Symptomer nå er blant annet øyne som fylles av væske, smerter og spasmer. Symptomenes styrke avhenger av bruk og stress (positivt korrelert). Når symptomer forverres på denne måten kaller jeg det for kode 1 senere i brevet.

Jeg har beholdt noe av stikkordsformen i dette brevet. Forkortelsene jeg bruker er typiske for mine brev i denne perioden. Jeg klarte ikke å skrive mer enn noen setninger uten svært mange forkortelser.

Med stress mener jeg mangel på mat, rene klær og sosial kontakt på måneder og lignende – ikke hverdagsstress. Smertene kan være så ille at jeg er sengeliggende i flere dager, hiver etter pusten, svetter, får feber, medisiner har liten effekt, ingen appetitt, spyr og så videre. Dette har kun skjedd etter store overbelastninger. Bedre etter hvert (noen uker), men jeg kommer ikke tilbake til der jeg var før en slik stor overbelastning (altså kronisk forverring).

Øyne:
Kan lese et avsnitt, så må jeg ha en pause på ca. to timer. Kan følge et objekt i et par minutter, så to timers pause.

Sete- og hamstringmuskulatur (s/h):
Får spasmer og smerte, kode 1. Har hatt over 200 spasmer pr. minutt der flere ganger (har vitne).

Rygg/nakke:
Spasmer og smerter, kode 1. Hvis jeg bøyer nakken i ett minutt, trenger jeg to timers pause. Statisk vridd nakke er svært ille, jeg sover med pute under magen for å unngå dette.

Andre eksempler:
Kan gå 2-300 meter, da trenger jeg to timers pause. Kan sitte i 2-3 minutter, så to timers pause. Kan ligge på dobbel Tempur-madrass, på vanlig madrass i toppen en time hvis jeg har ryggpute. Hvis jeg går i trapper får jeg også spasmer og smerte i resten av beina (s/h). Å plukke opp noe fra gulvet klarer jeg maksimalt 3-4 ganger daglig, men hvis ryggen vris mot høyre i en bøyd stilling i mer enn 30 sekunder kan jeg bli helt slått ut av hode- og nakkesmerter i mer enn tolv timer. Å ligge på siden klarer jeg i maksimalt 2-3 minutter pr. 2. time. Statisk belastning er verst!

Generelt:
Må ofte kutte all aktivitet som er mulig, men som det ofte meget uheldig å kutte. Jeg bruker ikke sokker, kun sko uten lisser, klarer sjelden ansiktsvask om morgenen osv. Det kan gå mer enn en uke mellom hver gang jeg pusser brillene. Piller og matrester blir ofte liggende på gulvet.

Psykiske symptomer:
Jeg kjeder meg ofte vanvittig, men har få ICD-tegn på depresjon (ICD er en diagnosemanual). Det har vært en bedring de siste tre månedene. Har gått ned mye i bruken av medisiner. Vil gjerne komme i gang med praksis fort. Sover bra for første gang på seks år. Har vært nede i 4-5 timers søvn i gjennomsnitt over lang tid før jeg fikk medisiner.

Stemme:

Spasmer og smerte i hals, gane, kjeve, tunge, kode 1. Kan ikke tygge rødt kjøtt og lignende, alt som er hardere enn kylling er et problem. Å le er et problem hvis jeg ler mye. Kan prate med vanlig stemme, men det gjør ekstremt vondt og påvirker hvor lenge jeg kan hviske (det kan sammenlignes med at jeg kan gå normalt, men kort). Jeg kan prate litt hver dag. Hvis jeg må si noe som har litt lenger varighet må jeg bruke diktafon slik at jeg kan ta pauser. Vanlige møter er det verste for stemmen. Da er den nesten ubrukelig i to til fire uker, men jeg har funnet fram til en fin måte å holde møter på: Jeg tar med et opptak, folk diskuterer i hovedsak uten meg og i tiden etterpå gir jeg tilbakemelding. Ved overbelastning klarer jeg ikke å tygge i det hele tatt (for eksempel etter møter med Sunnaas sykehus i 2003). Mobilsamtaler sliter mest.

Armer/skuldre:

Spasmer og smerte, kode 1. Eksempel: Kan skrive 1-2 sider pr. dag, noen linjer pr. intervall. SMS: 5-10 korte pr. dag. Å løfte tungt gir kronisk forverring. Kan ikke spise med kniv og gaffel og tunge glass uten å få store smerter og spasmer etterpå. Spiser mat i tortilla og glass. Kan ikke lage måltider, "mikromat" går bra. Å dusje klarer jeg toppen en gang pr. uke, hygienen er dårlig. Jeg har kalde hender, når været er kaldt får jeg spasmer over hele kroppen.

Ønsker:

1. Å bli frigjort fra "syke-ting" (møter, søknader, reseptfakser, opplæring av assistenter, slik at jeg kan starte praksis og behandling hos Ragnar Hagen når jeg har overskudd til det (ekstremt vond behandling og mye nødvendig hvile betyr lite praksis i behandlingsperioder).

2. 12-15 assistenttimer pr. uke, justeres etter behov.

3. En person som har kompetanse til å følge opp beskjeder, ha kontakt med deg og offentlige kontorer, skaffe hjelpemidler, koordinere konsulenttjenester for funksjonshemmede ved universitetet og praksisplass. De må ansettes av bydel, men via ULOBA (se uloba.no), en må ha bil.

4. Få datahand med spesielt sensitive knapper (se datahand.com).

5. Kontakt med øyespesialist som er hjelpsom i forhold til å få til tiltak selv om det eventuelt skulle vise seg at min sykdom er atypisk.

6. Kontakt med eventuelle andre spesialister (hvis de behandler meg med respekt og dermed ikke forsinker praksisstart). Jeg deltar uansett ikke på det første møtet med bydelen fordi jeg først vil se at de oppfører seg mer saklig (stoler ikke på dem hvis de bare sier noe pr. telefon, de lyver ofte).

7. Få erstatning (da må vel dokumentasjonen være klar først?).

8. Skrive bok for å rette oppmerksomhet mot menneskerettigheter i Norge.

9. En med autoritet som tør å slå i bordet og si at hvis det meste av overstående virkeliggjøres vil Christian P. G. med stor sannsynlighet bli rehabilitert. Nok tøv!

Til psykologspesialist Fredrik, Oslo, 17. juli 2004

Lenge siden sist! Jeg har vært igjennom noen tøffe år og trenger å jobbe litt med en løsnings-/mestringsorientert terapeut til høsten, ca. annenhver uke. Det tåler stemmen. Jeg trenger en person å spille ball med, en som kan se ting litt fra utsiden. Kanskje du kan anbefale en privatpraktiserende psykolog hvis du ikke har tid?

Jeg kan prate litt hver dag. Hvis jeg må si noe som har litt lenger varighet må jeg bruke diktafon slik at jeg kan ta pauser. Vanlige møter er det verste for stemmen.

Jeg har skaffet et program som leser opp tekst slik at jeg kan skanne og høre på fagbøker selv om jeg ikke klarer å lese på grunn av for dårlig syn. Det er bra, men jeg har ikke brukt det så mye jeg vil fordi det er kostbart å skanne bøkene. Jeg har nesten bare praksisperioden igjen av studiet. For å kunne begynne i praksis må jeg skanne mange bøker.

Det er andre ting som også må bedres. Jeg blir sakte, men sikkert dårligere i øynene. Jeg må stadig bruke dem til de er fylt av væske, spasmer og smerte. Et eksempel er da jeg fikk datavirus. Etter hvert som ukene gikk og regningene hopet seg opp økte behovet for å løse problemet. Etter 30-40 telefoner og SMS-er fikk jeg til slutt tak i en som kunne hjelpe. Han løste hovedproblemet, men jeg måtte fikse en del småting selv.

Assistenten min har ikke kunnskap til å løse kompliserte problemer. Tiden er også en hindring. For eksempel rekker hun ikke å lage mat og gå i banken på samme dag. Bydelen får jeg ikke mer hjelp av (se vedlegg 1).

Når situasjonen er stabil har jeg den samme bedringen i øynene som i resten av kroppen (se vedlegg 2 og 3).

Beste hilsener,

Christian P. G.

Vedlegg:

1. Maktmisbruk og urettferdige forhold etter 01.01.03
2. Fysio- og ergoterapirapport fra Sunnaas sykehus, september 2003
3. Bakgrunnsinformasjon om Christian P. G., sendt til Sunnaas i august 2003

Til Christian P. G., 22. september 2004

Beklager at jeg svarer deg litt seint. Jeg har vært mye på reise på seinsommeren. Som du har funnet ut jobber jeg ikke lenger i Oslo. Jeg jobber nå i Bortfold som fagsjef på Bortfoldklinikken. Det var leit å høre at du har slitt så mye siden sist vi møttes. Jeg glemmer ikke hvor fin samtale du hadde med en klient på PUT-Gaustad. Jeg ønsker å hjelpe deg hvis mulig. Jeg trenger å vite litt mer hvor stor arbeidsevne du har for tiden. Hvor lett har du for å bevege deg rundt? Jeg har en del veilednings- og undervisningsoppdrag ved siden av jobben, blant annet veileder jeg Helsestasjon for Ungdom på Bortby. Her kan du kanskje være med, eller er du ute etter mer formell praksisplass? Kan du tenke litt over dette, og så ringer jeg deg på fredag etter at jeg er ferdig med de faste møtene på jobben ved 15-tiden.

Vi snakkes!

Fredrik

Fredrik var en av flere gamle kjente med mye ressurser som prøvde å hjelpe meg. Andre var psykolog og studievenn Oddbjørn Hove, platedirektør Erik Hillestad og embetsmann Torbjørn Brekke. Selv med dette nettverket klarte vi ikke endre min situasjon vesentlig. Det sier mye om hvor vanskelig og tidkrevende det er å gjøre noe for en som har havnet i en situasjon som min.

På de neste sidene er det korrespondanse med Universitetet. Jeg prøvde å ta opp studiene igjen. Det endte med at

praksisstedet fant det for vanskelig å ha en så funksjonshemmet student. Brevene illustrerer hvordan hverdagslige oppgaver blir mye vanskeligere når man er syk. I denne perioden skrev legen min at pasienten leker med tanken på å starte med praksisperioden av studiet. Det viser hvordan syke mennesker kan bli misforstått.

Til Christian P. G., 2. august 2004

Fint å høre fra deg igjen! Det er klart vi vil bistå deg så langt det er mulig slik at du kan få fullført studiet. Når det gjelder skanning av studielitteratur, kan du få hjelp hos Norsk lyd- og blindeskriftbibliotek (NLB). Der må du søke om å bli godkjent som låntaker. Du fyller ut et skjema og legger ved en legeattest. Info om dette ligger på NLBs nettsider. Jeg kan hjelpe deg med utfylling og det du måtte ha behov for av hjelp rundt dette. Dersom det tar lang tid kan vi hjelpe deg her hos oss, men kvaliteten på skanningen blir nok ikke helt topp. Dette skal du ikke betale noe for. Det er rystende å lese om mangel på oppfølging og struktur rundt din nødvendige assistanse! Er det andre ting jeg kan hjelpe med i forhold til studiene så bare gi beskjed! Håper å høre fra deg raskt slik at vi kan få til ting litt fort.

Masse hilsener fra Lise
Konsulenttjenesten for funksjonshemmede studenter

Til konsulenttjenesten for funksjonshemmede studenter, 12. august 2004

Pensum til avsluttende eksamen kan gjerne være på CD. Men de bøkene jeg skal bruke i praksisperioden må jeg ha lett tilgang til hele tiden. Det får jeg bare hvis de legges inn på datamaskinen.

I praksisperioden vil jeg være avhengig av å få en artikkel inn på datamaskinen på få dager. Jeg vet ikke om det er mulig på en annen måte enn med en assistent her. Hvis vi får en assistent to-fire timer i uka vil det fungere. Men det er veldig mye å skanne før dette. Sannsynligvis begynner jeg i praksis etter jul med utredning av barn. Det er et felt med store mengder litteratur der man hele tiden må oppdatere seg.

Christian P. G.

Fra konsulenttjenesten for funksjonshemmede studenter, ca 13. august 2004

Vi har fått en e-post fra deg, og jeg skal prøve å svare deg så godt jeg kan. Skanningen kan vi ikke gjøre her, men vi kan gi deg støtte. Vi kan betale 20 timer til den assistenten du har. Assistenten kan skanne for deg. Alternativet er å få inn det som skal skannes og gi det til Norsk lyd- og blindeskriftbibliotek. Vi kan dessverre ikke skanne på den måten du vil ha det. Jeg håper det er tilfredsstillende. Du kan gi beskjed om det er greit om du får 20 timer hjelp, og fakturerer oss for det. Deretter sender vi resten til NLB.

Hilsen Stein

Til konsulenttjenesten for funksjonshemmede studenter, ca 14. august 2004

Jeg tror vi må ta en ting av gangen. Jeg skal bruke minst 15 bøker i praksis. Å skanne dem tar minst 60-70 timer. Jeg kommer til å selge personlige eiendeler hvis jeg ikke får nok støtte til dette. Jeg har ikke noe valg, jeg må få i gang livet igjen. Jeg håper dere kan gi støtte så langt som mulig. Det er viktig å huske at det ikke er lett for meg å forklare i detalj hvorfor jeg må ha ting på en spesiell måte. Jeg kan ikke prate så mye jeg vil av gangen. La meg ta et eksempel. Mange av bøkene er på over 700 sider. La oss si at vi skal legge en slik bok inn på CD. Den vil fylle minst 50-80 CD-er. "Halvbroren" av Lars Saabye Christensen går inn på ca. 50 CD-er. Mine bøker er nesten dobbelt så store. Det vil si at det blir mange hundre CD-er. Det blir umulig å håndtere med den sykdommen jeg har. Praksisbøkene må jeg altså ha inn på data. Jeg kan ikke fakturere dere for assistentens arbeid. En avtale må inngås mellom assistenten og dere. Hun er ikke ansatt av meg.

Christian P. G.

Mobil: 411 11 111 (Mobilsvar er best, jeg har problemer med å lese mange SMS)

Den siste setningen er min e-postsignatur. Av alle som kontakter meg er det bare en promilleandel som legger beskjed på svareren i stedet for å sende SMS. Hvorfor? Det er nok mange årsaker, blant annet økonomi, glemsel og så videre. Dette er en av mange grunner til at det er svært vanskelig for meg å ha jevnlig kontakt med venner og institusjoner.

Til Christian P. G., 1. januar 2005

Jeg har tenkt mye og vi har diskutert fram og tilbake om muligheter og begrensninger. Har også fått retningslinjer fra instituttet. Dersom du skal ha utbytte av en praksis her bør etter min mening følgende være på plass.
Vi har ikke kapasitet til og hjelpe deg utover det vi ville hjulpet en vanlig student i praksis. Hjelp til skriving og lesing og så videre må du ordne selv.

Hvis du skal ha praksis her må du kunne sitte i minst 90 minutter i slengen. Du må også kunne jobbe med barna selv i 2-5 minutter. Du må kunne delta på et møte som varer 90 minutter. Dette innebærer deltakelse fra din side, både snakking og lytting.

Med andre ord ser det vanskelig ut med din nåværende helsetilstand. Vi snakket om andre alternativer som for eksempel at du gjør en brukerundersøkelse for oss, eventuelt gjør arbeid i vårt bibliotek etc. Dette er du selvfølgelig velkommen til å gjøre, men da må du selv ordne opp med instituttet og undersøke nærmere om dette kan godkjennes som praksis. Vi kan stille et kontor til disposisjon, men alle hjelpemidler du trenger må du selv ordne med. Utgangspunktet for din praksis vil være at jeg ikke kan tilby noe hjelp utover det en vanlig student ville fått. Takk for din interesse. Ta gjerne kontakt hvis du har videre spørsmål eller kommentarer.

Vennlig hilsen,

Tore

Til venner og familie, 28. desember 2004

I sommer hadde jeg tre operasjoner på Ullevål. Legene fant det ikke problematisk å anta at jeg hadde en nevromuskulær sykdom. Vi snakket om dette fordi jeg var skeptisk til bydelens oppfølging av såret i hjemmet. For eksempel sa anestesilegen at han hadde vanskelig for å tro at jeg er en person som ikke vil gjøre noe. Overlegen skrev at de som hadde med såret å gjøre i hjemmet (bydelens sykepleiere) ikke skulle blande seg opp i andre ting. Hjemmetjenesten kom hver dag for å bytte på såret. Etter noen uker sa en sykepleier at hun ville snakke med legen min om såret. Det sa jeg var greit. Rett etterpå fikk jeg et brev fra legen om at han ikke kunne sende flere resepter til meg. Han stilte mange betingelser for videre behandling. Det var tydelig at bydelen hadde fortalt sin versjon om min situasjon, og det førte til at jeg måtte bytte lege. Å få tak i en fornuftig lege er ikke lett når man er så syk. Til slutt fikk jeg tak i en lege. Det fungerer foreløpig i hvert fall.

Denne prosessen tappet meg for krefter. Dermed ble situasjonen nesten uhåndterlig da flere akutte problemer måtte løses samtidig. Assistenten begynte å bli sliten. Hun var gravid. Tidligere hadde hun antatt at hun kunne jobbe i tre måneder til. Nå trodde hun at ryggen holdt i to uker. Vi hadde med andre ord veldig kort tid til å finne en ny assistent. Det er bydelens oppgave å skaffe assistenter, men det har de sjelden klart. Det var ikke mulig for oss å skaffe en assistent innen de syv timene som vi hadde til rådighet. En nabo satte opp en plakat. Vi laget annonser og gjennomførte intervjuer. Vi fikk tak i en assistent etter noen uker. Assistenten fikk bare to timer til opplæring av bydelen. Det er for lite. Dermed måtte jeg ta fra de ordinære assistenttimene og bruke disse til opplæring.

Såret etter operasjonen ble gradvis bedre. I begynnelsen var såret stort som en liten knyttneve. Etter 6-8 uker var det blitt mye mindre, men sykepleieren ville allikevel snakke med den nye legen min. Det sa jeg nei til. Jeg kan snakke med han selv og gi tilbakemelding til dem, sa jeg. Da ble sykepleieren forbannet, hevet stemmen og sa at det var en uakseptabel måte å behandle dem på. Da ble jeg sint. Situasjonen som oppstod etter at de hadde pratet med min gamle lege var friskt i minne. Jeg sa at hvis de ikke aksepterte mitt forslag kunne de skrive et brev til meg. Der kunne de beskrive årsaken til at de ikke ville ha tilbakemelding fra legen min via meg. Jeg ville sende dette brevet til aviser i Oslo. De neste dagene var sykepleieren tydelig irritert og sint når hun var innom for å bytte bandasje på såret. Hvis de ikke ville akseptere mitt opplegg hadde jeg ikke hatt mye å stille opp med. Jeg kunne selvfølgelig klage til fylkeslegen/fylkesmannen og sannsynligvis fått medhold, men det hadde betydd et enormt arbeid for meg. Jeg måtte også hatt en privat sykepleier i mellomtiden. Det hadde jeg ikke penger til. I noen uker levde jeg mildt sagt med nervene i høyspenn. Noen uker senere var jeg hos legen. Senere fortalte jeg sykepleieren hva legen hadde sagt og det virket som hun aksepterte det. Jeg var nødt til å bruke stemmen veldig mye. Det er slike i perioder sykdommen blir verre. Jeg holder på å lage en bok om alt dette. Når den kommer vil sikkert forholdet med bydelen forbedres. Det virker som denne typen press er det eneste som fungerer. Men i mellomtiden skaffer de ikke vikarer og det er umulig å flere assistenttimer. Hvis det er noe du vil hjelpe til med er det masse å gjøre. Du kan ringe meg eller assistenten min på tlf 411 11 111. Jeg forventer ikke at noen skal løse problemene som jeg har beskrevet her, men det er mange andre mindre oppgaver som kan utføres.

Til Christian P.G., 11. april 2005

Godt å høre at dere fikk time så snart. Jeg håper dr. Johan Torper kan hjelpe dere. Ikke nøl med å kontakte meg igjen om det er noe jeg kan gjøre for deg.

Med vennlig hilsen,

Dr. Martin

Dette er et brev jeg mottok i forbindelse med at jeg prøvde å få tak i en fastlege som var villig til å vurdere muligheten for at jeg hadde en spesiell sykdom og trengte medisiner for dette. Taxiturene til og fra Johan Torpers kontor tok en time til sammen. Han var 45 min. forsinket. Vi hadde med en madrass jeg lå på i venterommet. I praksis brukte vi opp store deler av assistentens timer denne uken på planlegging og selve besøket. Etter besøket var jeg utslitt. Johan Torper var lite interessert i min versjon etter å ha lest epikrisen fra Sunnaas. Jeg slet ut stemmen helt på dette møtet og klarte ikke gå til flere uten noen uker pause. Vi kunne ikke dra til lege etter lege til vi fant en å samarbeide med. Men denne gangen hadde jeg kjempeflaks: Dr. Martin (en gammel skolekamerat) steppet inn og var min lege i seks måneder. Deretter klarte jeg ikke å finne en ny lege. Senere får dette store konsekvenser.

Møte med dr. Martin, mai 2005

Når det gjelder medisiner har jeg blant annet prøvd Effexor. Jeg ble verre. Jeg tror ikke min tilstand kan beskrives som angst (angst er definert som redsel for noe man ikke vet hva er). Men jeg lever i en situasjon som aktiverer nervesystemet. Alle medisiner som demper nervesystemet, for eksempel beroligende medisiner, kan være verdt å prøve. Bivirkninger av det jeg tar nå er blant annet utslett og treg mage. Jeg har ingen problemer med likegyldighet, daffhet, potens eller appetitt.

Jeg har mye lesestoff om MPS, men det er innviklede artikler. Det står om meg, men bydelen er ikke interessert i et slikt behandlings opplegg. Vi må ha støtte av dem. Nå har jeg blitt så syk at jeg trenger et enormt støtte apparat og et langsiktig perspektiv er nødvendig. Dessverre tror jeg det rett og slett er for sent å gjøre noe. Det er noe av det verste å innse. Men det er realistisk å tro at situasjonen kan endre seg etter at boka blir utgitt. Det kan bli så mye oppmerksomhet rundt situasjonen at jeg vil få et bra støtteapparat og et verdig liv.

Det kommer mye væske fra øynene. Jeg tror ikke det er betennelse. Væsken er ikke klistrete. Vet du om en type servietter som man lett kan tørke bort væske med? Baby wipes virker irriterende på øynene. Når det gjelder smertestillende er det få alternativer til Paralgin Forte, eller hva tror du?

Til dr. Nils (en gammel bekjent), 14. juli 2005

Til nå har dr. Martin vært min lege, men han kan ikke fortsette fordi han skal begynne å arbeide på et sykehus. Er det en mulighet for at du kan sende meg resepter i fremtiden? Dette hadde vært til stor hjelp. Alle tester og undersøkelser er gjort. Som du kan lese i utdraget fra boken jeg jobber med har det skjedd mange rare ting. Dette gjør det nesten umulig for meg å få en konstruktiv dialog med leger som ikke kjenner meg fra tidligere. Derfor har dr. Martin hjulpet meg til nå. Hvis dette er umulig for deg forstår jeg det godt. Hvis du kjenner en lege som du tror ville være villig til å høre på og hjelpe meg, ville jeg bli meget takknemlig hvis du fortalte meg om ham.

Vennlig hilsen

Christian P. G.

Vedlegg: Utdrag fra bok

Kjære Kari-Anne Bratlie og Une Bonnevie
Senhaje, bydelen, 6. juli 2005

Jeg skriver dette brevet i forbindelse med besøket i dag for å vurdere mitt behov for personlig assistent. Jeg var sjokkert over at dere kom, fordi jeg har hatt traumatiske møter med dere tidligere. Jeg har fortalt at jeg ikke lenger tror at våre møter kan frembringe noe positivt. Dere hevdet å ha sendt et brev om møtet, men jeg har ikke mottatt dette. Jeg har behov for minst to ukers varsel. Det er blant annet fordi min assistent kun besøker meg en til to ganger i uken. Det er han som åpner og leser brev. Jeg har sagt fra om dette flere ganger tidligere.

Vedlagt finner dere et utkast til en bok jeg arbeider med. Jeg vurderer kontinuerlig om jeg bør gjøre navnene i boken anonyme og utgi boken under et pseudonym. Hvis jeg føler at det hjelper min situasjon vil jeg gjøre det. Hvis ikke vil jeg beholde navnene som de er. Jeg vil også informere dere om at hvis publiseringen av boken gjør meg "sivilt ulydig" vil det ikke påvirke min beslutning.

Jeg kan forsikre at jeg ikke på noe vis ønsker å skade noen eller ta hevn. Mitt eneste ønske å er å få et verdig liv. En assistent er nødvendig minst 15 timer pr. uke for å opprettholde en akseptabel livskvalitet. Min assistent kan bekrefte dette.

På det nåværende tidspunkt er ikke boken strukturert, men jeg antar dere vil kunne få et inntrykk av hovedtemaene. Noen deler av boken vil bli fjernet. Andre dokumenter vil bli lagt til, for eksempel dette brevet. Hvis dere kommer til mitt hjem i fremtiden vil det selvsagt bli inkludert i boken.

Tenk om dere hadde sagt at jeg ikke var velkommen til dere privat. Hva ville skjedd hvis jeg allikevel hadde dukket opp tre-fire ganger? Ikke bare helsearbeidere, men også klienter, har rett til vern om privatlivet. Det er en menneskerettighet. Hvis dere ikke er kjent med menneskerettighetene er de gjengitt i boken.

Med vennlig hilsen,

Christian P. G.

Det omtalte brevet med møtetidspunktet ble postlagt fem virkedager før bydelens representanter kom til meg. Assistenten min fant det i postkassen. Tidligere hadde jeg sagt til folk fra bydelen at vi ofte hadde for lite tid til å åpne brev og så videre. Trodde de dette var tull? Jeg antok at det var en mulighet for at de ville fjerne assistenthjelpen hvis jeg ikke gjorde noe radikalt. Derfor fortalte jeg om boka i brevet.

Fra Senter for integrativ terapi

Til rette vedkommende

Christian P. G. er i en rehabiliteringsfase der han ønsker å arbeide med sammenheng mellom kroppslige symptomer, innflytelser fra medverden og omverden (sosiogenetisk, økogenetisk) og fra egen bevissthet (ontogenetisk). Undertegnede er utdannet Integrativ terapeut fra Europeisk Akademi for Psykososial helse, EAG (tysk statlig utdanningsinstitutt). Vi er spesielt trenet i å arbeide med kroppslig bevisstgjøring, bevegelse og kreative metoder i psykoterapi.

Grimshei vil arbeide med grenser og konsekvenser av grenser i mange betydninger. Dette kan jeg tilby ham. Jeg kan ikke forutsi noe om hans prognoser i forhold til dagens symptomer. Jeg vurderer det slik at det er forsvarlig å gå inn i en terapeutisk relasjon fordi han selv, slik han framstår og med sin bakgrunn, er i stand til kontinuerlig å vurdere effekten av de tiltak han prøver ut i sin egen helbredelsesprosess.

Med vennlig hilsen

Ingunn Vatnøy

Dette brevet ble vedlagt søknader til trygdekontoret etter Sunnaas-oppholdet i september 2003. Innholdet er et av samtaleemnene i møtet referert på de neste sidene. Trygdekontoret ville at jeg skulle utredes av Berthold Grünfeld. Det var greit for meg. Det eneste jeg ville forsikre meg om var at utredningen skjedde på nøytralt grunnlag.

Ifølge helsetjenesteloven har jeg krav på en nøytral vurdering hvis sådan ikke foreligger. Jeg ba trygdekontoret sende meg papirene de hadde sendt til Grünfeld. Som det fremgår av brevene senere i boka oppnådde jeg verken å få papirene eller en nøytral vurdering. Grünfeld gjorde sin vurdering på bakgrunn av ett eneste møte. Utdrag fra dette møtet er på de neste sidene.

Møte med dr. Berthold Grünfeld (utdrag), 14. september 2005

- Hva er det da som feiler deg?

- Spasmer, smerter...

- Ja, spasmer. Hvor da?

- Det er avhengig av hvilke muskler jeg bruker.

- Kan du nevne noen eksempler?

- Armer. Ben. Øyne.

- Armer, ben. Hva sa du?

- Øynene.

- Øynene, øyemusklene altså?

- Ja.

- Øyemuskler, halsmuskler, ja... Og smerter, hvor har du det?

- Det er også avhengig av bruk og stress.

- Ja, kan du nevne noen områder som affiseres?

- Det er de samme.

- Det er de samme områdene?

- Ja.

- Ja, akkurat. Hvor lenge har du hatt dette?

- Gradvis fra ca. 1995.

- Altså de siste ti år. Du er 34 år, så da var du 22-23 år da dette skjedde?

- Ja.

- Var du frisk før det?

- Ja, faktisk. Helt frisk.

- Hvis du blir så utslått av samtaler at du har plager etter dager og uker, så betyr jo det at det ikke er mulig å integrere deg i et normalt arbeidsliv.

- Det jeg i hvert fall kan klare er å skrive bøker. Det gjør jeg nå, så det klarer jeg.

Senere kommenterte han en bok jeg skrev som ble utgitt av rusmiddeletaten i Oslo. Den brukes av flere høyskoler i Norge. Han sa at det neppe er en bok av faglig kvalitet. Han skriver i rapporten sin at det er uklart hvor dypt kunnskapen min går. Hvorfor og hvordan kom han til slike konklusjoner? Kan det være fordi det passer inn i bildet av en pasient som ikke mestrer hverdagen?

- Jeg kan mye om dyr og dyreadferd. Jeg kan hjelpe folk med dyr som har adferdsproblemer.

- Akkurat, jeg må bare si det slik...

- Men det er klart det er veldig store begrensninger. Jeg er klar over det. Altså hvis man tenker rent inntektsmessig i løpet av et år så kommer det an på hvordan bøker selger ikke sant? Kanskje jeg ville kunne klare å få en inntekt på tretti-førti tusen.

- Lever du på trygdeytelser?

- Nå er det kaos fordi jeg ikke klarer å sende søknadene og assistenten min rekker det ikke. Nå lever jeg av sosial trygd.

- Hvor lenge har du gjort det?

- Å, det er lenge. Veldig lenge.

- Hva har du vært igjennom av behandlinger?

- Alt mulig. Akupunktur, MR, CT og forskjellige fysioterapeutiske undersøkelser. Og tester som er utviklet for den sykdommen jeg tror jeg har.

- Akkurat. Hva tror du det feiler deg?

- Det er noe som heter MPS, Myofascial Pain Syndrome. Det er et syndrom med egne tester som er utviklet de siste ti årene.

- Ja.

- De rapportene kan du få. De er med kontrollgrupper og statistiske... Det er faktisk de eneste testene som slår ut. De slår ut massivt.

- Akkurat. Jeg ser at du har vært i USA.

- Ja, det er der de har...

- Også har vi Ingrid Vatnøy som har noe som heter senter for interaktiv terapi.

- Ja.

- Går du hos henne fortsatt?

- Nei. Men det er det jeg vil. Jeg tenker at det kan hjelpe meg til å mestre den psykologiske biten.

- Men er du under noen form for systematisk behandling?

- Nei, og det er det som er så sprøtt. Det er ti måneder siden jeg søkte om det. Da jeg møtte henne snakket vi lenge og vi fikk en god relasjon. Du vet jo at det er viktig med personlig kjemi når man skal jobbe med sånne ting.

- Du har ikke fått svar på det ennå?

- Det er derfor de har sendt meg til deg da.

- Akkurat. Det gjelder den Ingrid Vatnøy?

- Ja.

- Ja, det mange fine ord her som jeg ikke helt skjønner hva betyr.

- Ja, det er jeg enig i. Hun jobber innenfor en spesiell sjanger. Som du vet finnes det over fire hundre terapiformer. Denne formen er sentrert rundt mestring og forholdet mellom psyke og somatikk. Det er nettopp det jeg trenger. Hvordan mestre...

- Men er ikke dette det samme som Reichiansk terapi?

- Det er ikke SÅ ille. Unnskyld utrykket. Jeg forbinder det med new age.

- Dette her?

- Nei, Wilhelm Reich.

- Tror ikke han har mye med new age å gjøre.

- Wilhelm Reich kjenner jeg veldig godt til, hans personlige historie og hvordan han utviklet terapien sin. Han er inne på mye fornuftig, blant annet vekten på seksualdrift og så videre. Men terapiformen han utviklet i de siste årene av sitt liv syntes jeg tar litt vel mye av.

Reich mente han kunne fremkalle torden på minutter med et lite apparat. Han utviklet også en boks som skulle samle opp kosmisk energi til nytte for den som satt i boksen. Leseren kan selv avgjøre om hun/han synes dette er new age. Uansett er det merkelig at han bringer opp behandlingsformen til Ingrid Vatnøy. Grünfeld vet (eller burde vite) at de fleste psykologer er enige om at den spesifikke

behandlingstilnærming (for eksempel psykodynamisk eller kognitiv terapi) er lite relevant hvis klient og pasient har en god personlig kjemi og de har tro på et behandlingsopplegg.

- Du Grimshei, i sommer skrev du brevet til meg, der titulerer du deg selv som musikkprodusent og forfatter?

- Ja.

- Ja, produserer du musikk?

- Ja, jeg har gjort det i mange år.

- På hvilken måte produserer du?

- Jeg har gitt ut flere plater på Kirkelig Kulturverksted.

- Vil det si på ting du har produsert selv?

- Ja, både produsert, mikset og tekstet.

- På kirkelig...

- På Kirkelig Kulturverksted. Jeg var faktisk her på dette helsesenteret før jeg dro til Afrika for å gjøre noen lydopptak.

- Akkurat, ja. Men føler du ikke at noen er i stand til å hjelpe deg med MPS? Jeg ser jo her at du var på utredning på Sunnaas sykehus?

- Ja.

- Men det endte jo litt i det tomme rom, det ble jo ikke fullført?

- Nei...

- Dette er fra epikrisen fra Sunnaas sykehus: "Pasienten ble innlagt på rehabilitering..."

Han fortsatte å lese fra epikrisen mens jeg fant frem min egen kommentar til den. Han begynner deretter å lese fra min kommentar.

- "Dette er et skrekkeksempel på en leges misbruk av makt. Han nevner ikke årsaken til at jeg forlot sykehuset, og han antyder dermed at årsaken til dette ikke hadde noe med oppholdet på sykehuset å gjøre. Blant annet at jeg ble nektet mat og medisiner. Han nevner heller ikke at fysio-/ergoterapirapporten fra hans eget team er stikk i strid med konklusjonen som ble fremsatt på det omtalte møtet med kommunen..."

- Ja, det var den. Også har vi jo en rapport her som jeg har fått fra Asbjørn Solevåg. Den er fra år 2000, så den begynner å bli litt gammel. "Undertegnede er bekymret over den behandlingsmessige oppfølgingen pasienten tidligere eller snarligere ikke tilbys. Han har hatt sterke somatiske plager i nesten fem år, og er i øyeblikket sterkt invalidisert med nesten fravær av evnen å kommunisere med omverdenen....". Men er ikke han Solevåg spesialist i klinisk psykologi?

- Jo.

- Han burde ha gjort seg noen tanker som psykolog.

Grünfeld leste noen setninger til fra rapporten før han valgte å stoppe. Neste avsnitt lyder: "For ordens skyld gjøres det oppmerksom på at pasienten fremstår som en psykisk sunn og velfungerende mann, uten tegn på personlighetsforstyrrelser eller psykiatrisk betonte lidelser av noen art."

- Hva vil du at de skal tilby deg, Grimshei?

- For det første må jeg få flere assistenttimer.

- Flere assistenttimer, ja.

- 15 timer trenger jeg.

- 15 timer i uka?

- Ja. Assistenten bør bli ansatt av ULOBA, en organisasjon som ansetter og skaffer...

- Hva var det du sa nå? Assistenten skal...

- Ansettes igjennom ULOBA. Det er forkortelse for en organisasjon som jobber med å ansette vikarer, og anskaffe assistenter og sånn.

- Hvorfor akkurat dem?

- Jo, fordi min relasjon til bydelen har gått over kanten fordi... Jeg har vært hos mange psykologer... Det var en psykolog som mente at jeg var schizofren...

- Ja, jeg ser det at det er en som lurer på om du har en sånn uspesifisert schizofreni?

- Ja. Det skjedde før jeg fikk uttalelsen fra Statens senter for logopedi som konkluderer at jeg har en somatisk sykdom.

- Ja

- Og før den amerikanske rapporten forelå...

- Den har ikke jeg sett.

- Den er ganske stor, men den kan du godt få.

- Hva konkluderer den med? Hva kan de tilby deg av behandling?

- Det er en egen behandling for MPS, den fikk jeg i Norge også. Den fikk jeg kjempebra resultater med. Jeg ble helt symptomfri der vi behandlet, og vi la frem en rehabiliteringsplan for bydelen. Svaret var at de ikke kunne følge den opp fordi de hadde fått en muntlig diagnose fra Sunnaas sykehus. Altså ikke den diagnosen som står i epikrisen. Heller ikke den som står i fysioterapirapporten fra Sunnaas. Men en konversjonsdiagonse som ble muntlig overgitt.

- Ja, hvordan tror du at jeg ser på denne saken?

- Jeg vet ikke, det er så individuelt hvordan folk ser det.

- Ja, jeg tror ikke at du er noe særlig schizofren, altså. Men bærer ikke dette mer preg av en svær nevrose?

- Hvis man ser bort fra de somatiske rapportene, noe jeg syntes blir litt tullete, kan du godt si det.

- Ja. Så er spørsmålet... Hvorfor har du valgt...? Nå skal jeg drive med eksistensialpsykologi: Hvorfor har du valgt deg inn i denne rollen?

- Jeg har under alle disse årene jobbet med full styrke for å ikke havne i den situasjonen. Så den er ikke valgt.

- Ja, jeg føler meg ikke overbevist. Jeg må si at det er ubevisste krefter som du ikke har styring med. Slik at den delen du har laget i din rasjonelle verden bare er overfladisk.

- Hvis du skal ta den vinkelen må du faktisk overse tre-fire rapporter fra utlandet, og flere fra Norge. Så da...

- Hva har de funnet? Altså hvordan forklares dette på somatisk grunnlag?

Dette var tredje gang han spurte om temaet og tredje gang jeg svarte. Han hadde ikke fulgt opp mine svar tidligere i intervjuet, og jeg begynte å forstå at han var lite interessert i denne siden av saken.

- Testene de har utviklet er normerte og resultatene er sammenlignet med kontrollgrupper. Mine resultater er flere standardavvik fra gjennomsnittet i kontrollgruppene.

- Det skjønner jeg ikke noe av.

Igjen spurte han:

- Men har de noe forslag til hva man skal gjøre med dette?

Jeg svarte enda en gang.

Etter dette fortsatte intervjuet i ca. 30 min. uten nevneverdig forandring.

Han sa under møtet at han ikke forstår begreper som standardavvik og normerte tester. I så tilfelle forstår han ikke over 50 % av alle vitenskapelige artikler som utgis. Når testresultater er flere standardavvik fra gjennomsnittet i en kontrollgruppe er dette det nærmeste man kommer bevis på sykdom i vitenskapen. Jeg fikk enda en diagnose av denne psykiateren. Den kalles histrionisk personlighetsforstyrrelse. Det betyr at mange av symptomene mine er forårsaket av et sykelig behov for oppmerksomhet. Dette er en besynderlig konklusjon for de som kjenner meg fra før jeg ble alvorlig syk. Oppmerksomhet hadde jeg mer enn nok av, bl.a. holdt jeg foredrag og konserter over hele Norge og opptrådte som musikkartist i Europa. Jeg fortalte at jeg var forfatter og hadde vært musikkartist med suksess. En person med histrionisk personlighetsforstyrrelse overdriver og/eller lyver mer enn andre) Tror han jeg overdrev? Det er enkelt for ham å sjekke om det jeg sa stemmer, hvorfor gjorde han ikke det? I rapporten dr. Grünfeld skrev er det uklart om han tror på det jeg sier om det som skjedde på Sunnaas. Under møtet sa han at Sunnaas ikke er en konsentrasjonsleir. Det kan bety at han mener det de gjorde var ok, eller at han tror jeg overdriver. Den nærliggende og skremmende konklusjonen er at jo verre man blir behandlet i helsevesenet desto mindre er sjansen for å bli trodd. Han har selvsagt ikke lest denne boka. Jeg dokumenterer godt de overgrepene som har skjedd. De kan ikke lenger avfeies som overdrivelser eller lignende. Han avslutter rapporten om meg med å skrive at hvis jeg vil kan jeg nok velge å ikke være syk. Dette er et synspunkt jeg har hørt tidligere etter behandling som ikke har gitt bedring. Det er en interessant logikk her: Noen er villige til å si at jeg ønsker å bli frisk, men det er bare hvis jeg blir frisk. Er det umulig å ville bli frisk uten å bli det? Grünfeld anbefaler ingen endring i hjelpetiltak, selv om jeg fortalte om svært uhygieniske forhold og matmangel i periodene uten assistent. Han anbefaler ikke behandling hos Ingrid Vatnøy.

Grünfeld fikk den amerikanske rapporten som er gjengitt senere i boka. Han skriver at den svært lang, komplisert og med mange referanser. Dette preger ofte artikler desto mindre man forstår av et felt i vitenskapen, fortsetter han. Ifølge denne logikken er lange referanselister og spesielle begreper tegn på en mindre viktig rapport. Er ikke dette også typisk for forskning på nye områder? Hvis man ser på de ledende tidsskriftene i dag, for eksempel Science, American Psychologist og The Lancet, finner man ut at sannheten nok er nærmere det motsatte av det Grünfeld hevder.

Han skriver at hvis jeg har et somatisk problem burde medisinsk ekspertise kunne hjelpe med dette. Det forutsetter at for eksempel fysioterapeuter kan behandle nesten alle (nevro-)muskulære sykdommer med godt resultat. Dette er en historieløs tankegang. For 100 år siden kunne vi så godt som ingenting om minst 80 % av alle sykdommer vi i dag kan behandle med stort hell. Er det slik i Norge i dag at vi kjenner nesten alle sykdommer og de som ikke blir friske har moralske problemer (de vil egentlig ikke bli friske)?

Slik arbeider altså en av Norges mest kjente psykiatere.

Møte med bydelsoverlege Georg Semcsesen, 21. november 2005

- Hvordan synes du at du har det?

- Jeg har det ikke bra. Det er ekstremt tøft, men jeg tror at det er en fordel at du er ny i bydelen. Jeg er ikke ute etter å lage problemer, jeg vil prøve å få et liv som er noenlunde saklig. Hvis vi kan klare å få til det på en konstruktiv måte, er det alt jeg er interessert i.

- Hva tenker du skal til for at det skal bli brukbart?

- Jeg må ha mer assistenthjelp hjemme, og jeg tror også det er nødvendig å få inn ULOBA. De vil ta seg av opplæring og vikarer og så videre.

Magne (assistenten min) kom inn i samtalen. Hans replikker er i kursiv.

- Jeg tror jeg kom inn i dette ganske uvitende. Jeg visste ikke noe om dette før jeg møtte Christian. Jeg håper Christian ikke tar seg nær av at jeg sier dette, men jeg håper at jeg har forbedret ganske mye for ham. Jeg har brukt mye tid hos ham.

- Hvor mange timer har du tilbrakt her denne uka?

- Mange flere enn jeg skulle. Jeg håper jeg har forbedret livet hans, jeg kan ikke bare gå når det fremdeles er mange ting som må gjøres.

- Hvordan takler du det? Hvor mange timer mener du at du trenger hjelp?

- Jeg tror at vi må opp i 12-15 timer. Jeg skjønner at du har et budsjett. Du har ting på din side som du må tenke på. Men hvis jeg kan stole på at vi kan ha en dialog kan jeg si til deg at det trengs mer eller mindre underveis. For eksempel 12 timer + støttekontakttimer kan være et utgangspunkt. Sistnevnte har jeg ikke hatt på lenge.

- Hvorfor ikke?

- Vet ikke. De ble bare fjernet uten begrunnelse og vi har ikke tid til å sende inn ny søknad.

- Du er utsatt for noe av det samme som man utsatte Quisling og Hamsun for. Man skal finne en diagnose som kan redde deg. Alle ønsker å putte en diagnose på deg som kan utløse noe. En del psykiatere prøvde å redde Quisling ved å gjøre både det ene og det andre, uten at man fant noe. Hamsun påstod man var senil. Dess mer tiden går og dess mer systemet føler seg presset av deg, jo ivrigere er man for å finne en diagnose. Og dess mindre selektiv blir man i sin søken etter sådan.

Det er ikke lett å forklare hvorfor overlegen sier man prøver å finne en diagnose. Problemet er at jeg har for mange diagnoser, og at behandlingen jeg ble bedre av er basert på en diagnose som ikke brukes aktivt i Norge. Dette er en helt annen situasjon enn hvis jeg ikke hadde hatt en diagnose. Da ville det vært grunn til å mistenke meg for å simulere eller lignende.

- Det er veldig skummelt. På et hvert tidspunkt i historien har vi bare en viss mengde kunnskap. For 100 år siden kunne vi noe og om 100 år kan vi noe helt annet. Man må ikke bli helt blendet av at man ikke kan plassere en person i en bestemt firkant på et bestemt tidspunkt i historien. Men jeg prøver ikke å overbevise deg om at jeg har verken ditt eller datt. Det er ikke viktig. Vi er kommet langt forbi det punktet.

- Trygdesystemet skal putte deg i en boks. Poenget er at man skal putte pasienter i en boks. Hvis ikke kan alle hevde at de feiler et eller annet og det er jo problemet med dette. Vi har bokser og uten bokser klarer vi oss ikke, og funksjon uten diagnose nekter man å godta.

- Det er greit til et visst punkt. Men her er det et enormt mangfold av meninger og situasjonen har blitt så alvorlig at menneskerettigheter blir et mer nyttig utgangspunkt. Diagnoser er én ting. La oss si at jeg hadde vært fullstendig gal, for eksempel vært kataton schizofren og burde hatt enorme doser med antipsykotiske medisiner. Man kan ikke ut fra det bryte menneskerettighetene.

- Neeei...

- Det er man nødt til å forstå.

- Det er det systemet ikke er villig til å forstå fordi systemet er så rigid og da er spørsmålet: Hva gjør man da? Hva gjør man da når man ikke har noen diagnose og ikke får noen diagnose?

- Det blir opp til deg.

- Ja, men da snakkes vi underveis.

- Men er det mulig å få flere timer som en hasteløsning?

- Jeg må diskutere det med trygdekontoret og så må jeg se gjennom papirene dine igjen. Du vil få et svar fra oss relativt fort.

- Det er litt krise.

- Jeg skjønner, jeg skal gi deg beskjed så fort jeg klarer.

- En ting til: Å prate så mye som jeg har gjort i dag er noe som jeg ikke var i stand til for to år siden. Hvis jeg hadde gjort det hadde jeg ikke kunnet prate på flere måneder. Møter må planlegges lang tid i forveien.

Bydelsoverlegen sa han skulle sende meg en e-post slik at han kunne få noen av rapportene om meg. Jeg mottok ikke noen e-post. Ingen akutte tiltak ble iverksatt. Noen uker etter møtet fikk jeg skriftlig avslag på forespørselen om økning i assistenttimer. Begrunnelsen var at det ikke forelå tilstrekkelig medisinsk dokumentasjon. Han sier under møtet at systemet ikke er villig til å forstå at menneskerettigheter har betydning i saker som min. At bydelen har denne oppfatningen ble dessverre bekreftet gjennom avslaget.

Til Ellen Johannessen, trygdekontoret, 5. november 2005

Vil dere vennligst sende meg alle papirer jeg har juridisk rett til å se, vedrørende deres beslutning av 24. oktober 2005 om å avslå min søknad om rehabilitering (inkludert all korrespondanse med dr. Grünfeld før og etter min time hos ham).

Jeg ønsker en forklaring på hvorfor dr. Grunfeldt hadde papirer dere ikke har sendt meg kopi av, selv om jeg i et brev datert 1. august 2005 ba spesielt om å få tilsendt kopi av all deres korrespondanse med ham.

Vennligst også forklar meg hvorfor jeg ikke kan søke uføretrygd slik Katarina Hjelmaas fra trygdekontoret har uttrykt overfor Cecilie Storesletten i sosialtjenesten.

Med hilsen,

Christian P. G.

Svaret trygdekontoret gav meg på spørsmålet om at jeg ikke hadde fått kopier av all korrespondanse var "Det er vanlig praksis at trygdens spesialist får innsyn i trygdesaken". Dette er et eksempel på hvordan trygdekontoret ofte unngår å svare på spørsmål. Et annet eksempel inntraff senere da jeg fikk "svar" på mitt spørsmål om hvorfor jeg ikke burde søke trygd (svaret kom to måneder etter at jeg sendte et brev med spørsmålet). Svaret lød: "vi kan ikke se at det er

sannsynliggjort at du fyller vilkårene for en uføreytelse". Det blir som når du spør et barn hvor en ball er blitt av. Barnet svarer at ballen er borte. Problemet er at du ikke har mulighet til å vite hvor "borte" er hvis barnet ikke vil fortelle deg det.

Til Irene, Oslo Politidistrikt, 17. mars 2006

Angående innkalling til avhør om innføring av illegal medisin til Norge, 28. mars 2006

Jeg vil samarbeide fullt ut med dere om dette. I den grad det er deres oppgave/interesse å vite årsaken: Jeg er alvorlig syk, med bl.a. store synsproblemer, smerter, spasmer og så videre. Taleevnen min er sterkt begrenset. Jeg har en sykdom man har lite kunnskap om i Norge, og har de siste månedene ikke klart å få tak i en fastlege som tar dette i betraktning. Jeg legger ved et kort om en bok jeg skriver om denne svært spesielle situasjonen. Jeg har ikke ubegrensede talemuligheter under møtet. Jeg klarer dessverre ikke å sitte mer enn to-tre min., derfor tar jeg med en liten madrass (sofa er også ok). Mobilsvar er beste måten å kontakte meg på. Jeg har problemer med å lese mange SMS og lange e-post/brev.

Med vennlig hilsen,

Christian Grimshei

Kopi: Ole Vidar Øiseth, politiet (en gammel bekjent fra tiden jeg arbeidet i Uteseksjonen)

Jeg fikk en mild straff fordi jeg fortalte nøyaktig hva jeg hadde gjort og hadde rent rulleblad.

Til dr. Lasse, Ullevik Engeby legesenter, mars 2006

Forespørsel om du har kapasitet til en ny pasient

Jeg har hatt en nevromuskulær sykdom siden 1995, se vedlagte rapport. Jeg har opptil 200-300 spasmer pr. min., stemme- og synsproblemer og så videre. I USA kalles sykdommen MPS. Dr. Martin var min siste lege. Men han begynte på et sykehus og kunne ikke være legen min lenger. Siden dette har jeg vært uten lege og medisiner. Jeg og min assistent bruker en hel dag på et legebesøk. Vi kan ikke dra til mange leger til vi finner en som vil ta opp tråden etter Martin. Vi må ha med en liten madrass som jeg kan ligge på i venterommet (eller bruke sofa hvis tilgjengelig). I praksis bruker vi opp store deler av assistentens timer en uke på planlegging og selve besøket. Stemmen bruker ca. en uke på å hente seg inn igjen etter et møte. Derfor dette brevet.

Christian P. G.

Jeg sendte dette brevet til 16 leger. Jeg ønsket en lege som frivillig tok meg som pasient. Jeg fikk ingen positive svar. Som et siste forsøk sendte jeg to brev til. En lege ringte meg. Jeg er nå hans pasient. Dette var en stor lettelse. Før jeg ble alvorlig syk var jeg hos mange leger. Det hendte aldri at jeg fikk beskjed om at jeg ikke kunne bli pasient.

Dette neste brevet er begynnelsen på en korrespondanse som viser at en inntekt kan bli et problem i en sosialklients liv. Ut fra dette er det forståelig at folk med sosialhjelp ikke prøver å

få inntekt eller skjuler slike inntekter. I mitt tilfelle er nok problemet delvis at poker har et stigma i Norge. I dette brevet prøvde jeg å forklare at poker ikke bare er flaks. Det er en blanding av sjakk og rulett. Både ferdighet og flaks har betydning. På kort sikt har kortene man får betydning for utfallet. Men over lang sikt får alle like kort. Da kommer ferdighet inn i bildet.

Til sosialkontoret, mars 2006

Jeg har "vridd hjernen" for å finne ut hvordan jeg kan tjene penger. Man skal jo prøve alle muligheter for å få inntekt, og det gjør jeg. Jeg har hørt på mange pokerlydbøker og satt meg inn i matematiske modeller for odds i poker. Med mitt handikap er dette en av svært få inntektsmuligheter i fremtiden.

Jeg har vunnet ca. 6.000 kr. ($960 netto) den siste tiden i poker på nettet. Dere har sikkert regler om at jeg må trekkes i støtte. Hvis dere trekker fra mesteparten av inntektene blir også en mulighet til å få en stabil inntekt borte. Man trenger penger for å spille. Kanskje vi kan finne en balanse mellom trekk og at jeg fortsatt kan generere inntekt. For å kunne spille 10-20-dollarsturneringer (som jeg gjør nå) trenger man minst 5-600 dollar. Det er fordi flaks betyr en del i poker, og man kan gå "konk" hvis man har for lite på kontoen og uflaks i noen turneringer på rad. Det kan sammenlignes med en finansanalytikers situasjon. Uansett om han/hun er en ekstremt god investor, kreves en basiskapital for å være i markedet og klare de svingninger som alltid kommer. Jeg kan skaffe dokumentasjon om dette relatert til poker hvis ønskelig.

Jeg er ikke god nok ennå, men det er et mål å få en inntekt på noen tusen i måneden. Da må man spille 20-50-dollarsturneringer (minst) og det krever en større "basiskonto". Det er også lett å dokumentere at poker ikke bare er flaks, se for eksempel http://www.cardplayer.com/magazine/article/14882. I en rettssak sa dommeren at et argument om at poker var flaks "var latterlig", og skulle ønske saksøkeren hadde penger til å prøve å spille med den saksøkte. Etter denne saken har ingen lignende sak blitt trukket inn i rettssalen i USA.

Nå har jeg så lite stemme og så mye smerter pga. opplæring av ny assistent at jeg ikke klarer å ringe dere/svare til uka. Om to uker burde jeg være i bedre form. Hvis jeg presser mer kan jeg miste stemmen og tyggeevnen helt i en lang periode, slik det var etter oppholdet på Sunnaas.

Med vennlig hilsen,

Christian P. G.

På fritiden monterte assistenten min et system som gjør at jeg kan bruke tre datamus samtidig. En er festet loddrett ved bena slik at jeg kan klikke med tærne. De to andre er ved hendene. Vi fant programmer som flytter og klikker datamus for meg (Smartmouse, MouseClicker, MulitTableHelper og Nib). Pokerkortene ble modifisert slik at jeg kunne se dem lettere. Pokerspill er den eneste inntektsgivende aktiviteten jeg klarer å utføre mer enn 10-15 minutter av gangen. Å spille poker på et høyt nivå er også mentalt utfordrende. Livskvaliteten ble betydelig bedre etter at jeg begynte med pokerspill. Jeg kunne fylle noen av de utallige timene jeg var alene i leiligheten med en aktivitet.

Til Cecilie Storesletten, sosialkontoret (utdrag), 7. mai 2006

Svar på brev om at min søknad om sosialhjelp ikke kan ferdigbehandles nå

1. Jeg kan bekrefte at **vesentlige** endringer i min økonomiske situasjon ikke har inntruffet, verken da eller senere. Jeg kjenner ikke deres paragrafer, men det ville forbause meg mye om det ikke står noe som kan tolkes slik: "Hvis det er muligheter for vesentlige fremtidige inntekter skal sosialkontoret legge til rette for dette".

2. Jeg har husleie etc. som skal betales om tre uker. Jeg er for syk og har for lite hjelp til å skrive brev raskt om dette, derfor ble det e-post.

Med vennlig hilsen,

Christian P. G. og assistent

Denne situasjonen er sammenlignbar med følgende situasjon i arbeidslivet: En arbeidsgiver sier til en arbeidstaker at han/hun må levere en mengde papirer. Hvis ikke arbeideren kan legge frem saken sin på en tilfredsstillende måte får arbeideren sparken uten etterlønn med tre ukers varsel. Noe slikt er neppe lov. De fleste mennesker vil nok oppleve en slik situasjon som meget stressende.

Tenk deg at du bare kan utføre en inntektsgivende aktivitet over tid. Så blir muligheten for denne aktiviteten borte. Hva

gjør du da? Jeg vil selvsagt skrive, men det klarer jeg maksimalt en time pr. dag fordelt over mange intervaller. Det tok tre år å skrive denne boka. Mye av innholdet ble skrevet før jeg ble alvorlig syk. Det vil nok ta minst 6-7 år å skrive ferdig en ny bok.

Til advokatfullmektig Celine (utdrag fra tre brev), 16. og 19. mai 2006

Sosialkontoret trekker pokerinntektene fra støtten. Fra neste måned vil de ha dokumentasjon om alle penger jeg har på pokernettsidene og trekke fra disse. Men jeg er selvstendig næringsdrivende og kan dermed sannsynligvis trekke utgifter fra disse inntektene. I tillegg er mine innskudd inkludert i summene på pokernettsidene. Skal jeg levere dokumentasjon på hva som er innskudd? I så fall ber de implisitt om et regnskap midt i et inntektsår. Kan de gjøre det? De har trukket fra 6.000 kr. nå, selv om jeg har oppgitt at jeg har utgifter (bl.a. innskudd). Jeg kan ikke finregne på dette eller levere regnskap selv. Derfor har jeg regnskapsfører. Men jeg kan ikke betale ham for å levere regnskap til sosialkontoret flere ganger i året. Hvis man skal følge logikken i vedtaket skal jeg hver tredje måned gi dem alt jeg tjener (med mine egne penger som risiko). Det vil si at det ikke er mulig for meg å få en inntekt som frigjør meg fra sosialhjelp i alle yrker der man trenger en grunnkapital for å arbeide. Folk flest vil nok finne vedtaket urimelig, selv om det skulle være i tråd med noen paragrafer. Er det noe vi kan gjøre? Hvis ikke kommer jeg til å prøve å klare meg selv. Jeg håper boka vil gi inntekt. Inntil det vil situasjonen ikke bli spesielt artig her. Men alternativet er verre.

Med vennlig hilsen,

Christian P. G.

Celine sa at det er svært tidkrevende, vanskelig og kostbart å reise en sak mot helsevesenet eller sosialsystemet. Vi avtalte å snakke sammen etter utgivelsen av boka.

Situasjonen når boka avsluttes, sommeren 2006

Situasjonen som jeg har beskrevet i de siste brevene har ikke endret seg. Jeg vet ikke hvordan det vil gå med meg hvis jeg slutter med den eneste inntektsgivende aktiviteten jeg klarer å utføre mer enn noen minutter av gangen. Derfor utsetter jeg avgjørelsen så lenge som mulig. Familien bærer store kostnader. Naturlig nok kan ikke denne situasjonen vedvare. Bydelen har ikke engasjert ULOBA. Det betyr at jeg er uten assistent når en assistent er syk eller på ferie. Jeg har selv skaffet de siste assistentene. Det har vært en stor belastning for stemmen og helsen generelt. Jeg er tom for medisiner. Dette er en vanlig situasjon. Tidligere har den inntruffet blant annet av følgende årsaker: Min lege var på ferie, jeg klarte ikke å ringe for å høre om brevet mitt var blitt lest, resepten ble borte i posten eller assistenten min rakk ikke å hente resepten raskt nok. Denne gangen er medisinmangelen forårsaket av en blanding av flere av de overnevnte faktorene. Omstendighetene er vanskelig nok å takle med medisiner. Leger foretrekker å skrive ut små mengder av gangen. Forhåpentligvis vil jeg kunne oppnå en god relasjon til en lege slik at medisinmangel kan unngås i fremtiden.

Assistenten er hos meg syv timer i uken. Vi rekker ikke svært mange gjøremål. De siste årene har jeg ikke vært hos tannlege, ikke kjøpt klær og katten min har ikke vært hos veterinær. Mange ting i leiligheten burde vært reparert: TV-en, tørketrommelen og taklyset i tre rom. Et gammelt sår har sprukket opp. Da det ble operert brukte assistenten min opp ukens timer på en dag. Vi spurte bydelen om flere timer. Det fikk vi ikke. I en uke var jeg uten assistent. Jeg ble behandlet hjemme og på sykehus ca. to ganger i uka i ett år. Assistenten min brukte fritiden sin for å være med til sykehuset. Flere konflikter dukket opp da hjemmesykepleien var hos meg. På sykehuset sa de at såret var blitt behandlet svært dårlig. En lignende prosess er ikke mulig i dagens situasjon. Tidligere i boka beskrev jeg mange ugjorte gjøremål. De fleste av disse er fortsatt ikke utført, for eksempel er mange søknader ikke skrevet. Jeg kunne sannsynligvis fått hjelp til noe av dette fra for eksempel naboer. Men de hjelper meg når det virkelig er krise. Da jeg var uten assistent i vinter laget en nabo mat og ryddet. Det er grenser for hva man kan be naboer om. Men den største hindringen er stemmen. Når hjelp spres på mange personer må jeg prate mer totalt sett. Det ville gått ut over andre ting, for eksempel denne boka. Det ville vært nødvendig å redusere pratingen med venner. En av de største forbedringene i livet de siste årene har vært fornyet kontakt med familien. Det var mulig fordi jeg sluttet å bruke stemmen i en endeløs kamp mot helsevesenet. For meg var denne feiden et mareritt. Jeg vil unngå å havne i en lignende situasjon for enhver pris. Det har vært en ekstrem påkjenning å skrive om årene med sykdom i detalj. Jeg kunne nådd noen kortsiktige mål hvis jeg hadde brukt kreftene på andre ting. Men som de fleste andre ønsker jeg et verdig liv i mange år. Jeg tror ikke det er mulig å få til det uten denne boka. Håpet er at myndigheter og rettsapparat vil følge opp episodene som er beskrevet. Jeg er ikke jurist og har ikke ressurser til å sette i gang rettssaker eller andre prosesser alene. Hvis jeg ikke får oppreisning og bedre livsvilkår etter denne boka: Hvilken verdi har samfunnet for syke mennesker med uvanlige problemer da? Jeg har vanskelig for å tro at det norske samfunnet ikke vil reagere. Forhåpentligvis vil boka også bidra til en endring for mennesker som er i en lignende situasjon.

Dessert

Utdrag fra FNs menneskerettighetserklæring

Artikkel 5:
Ingen må utsettes for tortur eller grusom, umenneskelig eller nedverdigende behandling eller straff.

Artikkel 12:
Ingen må utsettes for vilkårlig innblanding i privatliv, familie, hjem og korrespondanse, eller for angrep på ære og anseelse. En hver har rett til lovens beskyttelse mot slik innblanding eller slike angrep.

Artikkel 22:
Enhver har som medlem av samfunnet rett til sosial trygghet og har krav på at de økonomiske, sosiale og kulturelle goder som er uunnværlige for hans verdighet og den frie utvikling av hans personlighet, blir skaffet til veie gjennom nasjonale tiltak og internasjonalt samarbeid i samsvar med hver enkelt stats organisasjon og ressurser.

Artikkel 25,1:
Enhver har rett til en levestandard som er tilstrekkelig for hans og hans families helse og velvære, og som omfatter mat, klær, bolig og helseomsorg og nødvendige sosiale ytelser, og rett til trygghet i tilfelle av arbeidsløshet, sykdom, arbeidsuførhet, enkestand, alderdom eller annen mangel på eksistensmuligheter som skyldes forhold han ikke er herre over.

Rettssikkerhet - bare for de snille og de med rett diagnose?

De verste og fleste overgrepene skjer sannsynligvis mot dem som har minst mulighet til å forsvare seg, for eksempel demenspasienter uten nettverk. I forordet skriver jeg at antallet overgrep sannsynligvis er høyere enn vi tror. Et medieoppslag som omhandler en slik hendelse er gjengitt her. Pasienten døde. En nøytral instans fikk aldri vite pasientens versjon av hans situasjon.

"Rettssikkerhet - bare for de snille?"
Dagsavisen 13. november 2005

Ifølge sosialarbeidertidsskriftet Embla, ble en sterkt funksjonshemmet mann innlagt på sykehus. Han hadde omfattende behov for hjelp da han var hjemme før innleggelsen. Mens han var på sykehuset bestemte likeså godt ledelsen i bydelen der han bodde at han ikke skulle få hjemmetjenester når han ble utskrevet. I stedet ble mannen plassert mot sin vilje på et sykehjem ved utskrivning fra sykehuset.

Årsaken var at mannen hadde pådratt seg klager fra hjemmehjelperne, som hevdet han trakasserte dem verbalt. Han kalte dem "idioter" og "svartinger", og ba hjelperne pelle seg vekk til Afrika eller Sverige. Etter mange skriftlige klager fra hjemmehjelperne traff verneombudet for de ansatte vedtak om å stenge mannens hjem som arbeidsplass.

Mannen klaget omgående til helse- og sosialombudet i Oslo, og som følge derav ble det satt i gang et arbeid for å stable på beina et tilbud slik at han kunne flytte tilbake til hjemmet sitt. Men bydelen fikk ikke hjelpere til å jobbe hos han, og forsøket på å skaffe personlig assistent strandet. Mannen døde kort tid etter, og endte sine dager som tvangsinnlagt på et sykehjem. Det hadde ikke trengt å ende slik om bydelsmyndighetene hadde påklaget verneombudets stengningsvedtak til Arbeidstilsynet, slik de skulle ha gjort etter "læreboka". I stedet støttet bydelen sine ansatte og mannen ble tvangsplassert på et sykehjem. På vegne av mannen klaget helse- og sosialombudet vedtaket inn for Arbeidstilsynet. Som igjen svarte at byens borgere ikke var å betrakte som part i slike saker, derfor var de ingen klageinstans. Mannen hadde klageinteresse, som følge derav ble klagen avvist.

Slik kan offentlige myndigheter skalte og valte med menneskers liv og skjebne, og sabotere enkeltindividets krav på hjelp. Den samme treneringen skjer på sosialkontor over hele landet. Således er det ikke uvanlig at sosialkontor treffer vedtak om å utestenge "vanskelige klienter" i kortere eller lengre tid. "Gjennomsnittstiden" ligger vanligvis på tre måneder. Og hvis klientene får det for seg at de skal klage på dette, får de vite at å utestenge klienter ikke er enkeltvedtak etter forvaltningslovens paragraf 2, bokstav B. Dermed kan utestengelsen ikke påklages, og klienten overlates egen skjebne, eller gode venner med tak over hodet og eventuelt deres utlån av penger der dette er mulig. Til tross for sosialtjenestelovens bestemmelser om lovpålagt hjelpeplikt.

Sosialloven pålegger nemlig kommunene å gi hjelp også til "de samme", dersom vedkommende er ute av stand til å sørge for livsoppholdet sitt.
En "slem klient" kan ikke utestenges og overlates til sin egen skjebne. Men gjett om det gjøres.

Ingen ansatte i helse og omsorgssektoren skal finne seg i å bli utsatt for vold og trakasserier. Men det er like uakseptabelt at pasienter og klienter som trenger hjelp, ikke får den hjelp de har krav på etter norsk lov. "De vergeløse" på samfunnets skyggeside har ingen LO-formann til å kjempe for kårene sine.

Dersom håndteringen av vanskelige klienter og pasienter unndras overprøving og kontroll, har hjelpeapparatet gjort seg selv uangripelig. Men skal politikere og andre ansvarlige helse- og sosialmyndigheter, tillate at den lokale helse- og sosialtjeneste benytter seg av "juridisk taskenspilleri" for å slippe at deres håndtering av "verstinger" bedømmes av en utenforstående nøytral instans?

Arnstein Vada
Cand.mag./sosionom

Skader etter ensidige belastninger (SEB)

Denne redegjørelsen er ikke en vitenskapelig artikkel. Det er en oppsummering av hvordan jeg ser på feltet. Da jeg ble syk kunne jeg lite om feltet og forsto at mine behandlere ikke kunne stort mer. Jeg begynte å lese nevrologi og fysiologi. Noen år og 6-7.000 sider senere kunne jeg danne meg et bilde av min egen sykdom. Denne artikkelen kan være et utgangspunkt for pasienter eller andre som vil sette seg inn i området. Men forskningen har langt igjen. Hvilken behandling som er riktig for den enkelte er ikke lett å avgjøre. Den modellen som var effektiv ved behandling av meg står ikke i en bok. Den var et resultat av teori, forskning og konkrete erfaringer fra behandling. På slutten av redegjørelsen er det noen få referanser til bøker som egner seg for videre lesning.

1. 30 % av sykefraværet i USA er relatert til muskel- og skjelettlidelser (Bureau of Labor Statistics, 2003). I Norge er nesten halvparten av sykefraværet relatert til muskel- og skjelettlidelser (Norsk Revmatikerforbund). I USA antar man at over 50 % av alle utgifter til arbeidsskader på arbeidsplasser med mye ensidig arbeid er relatert til arbeidets form (Levy og Wegman, 2000). Mange typer skader kan oppstå ved ensidig arbeid med repeterende bevegelser. Noen slike skader er godt kjent i Norge, for eksempel Carpal Tunnel Syndrome. Andre typer er lite kjent, og slett ikke anerkjent. En betegnelse for slike typer skader er RSI (Repetitive Strain Injury). Et synonym for RSI er det noe mindre brukte Cumulative Trauma Disorder. RSI er ikke en diagnose, men en fellesbetegnelse som peker på mekanismen bak skadene. Musesyke er blitt et vanlig norsk begrep. Det er en diffus betegnelse på enkelte SEB.

Senebetennelse og seneskjedebetennelse er eksempler på skader som kan oppstå etter ensidig arbeid ved datamaskin. Tennisalbue er en betegnelse på samme type skade der årsaken er en annen aktivitet. Ved denne type skader er det en aktiv betennelse som kan behandles med kortison og vanlig fysikalsk behandling. Et annet begrep er diffus RSI, også kalt NSAP (Non-Specific Armpain). Ved denne tilstanden er det ikke en aktiv betennelse og flere leger har derfor hatt vanskelig med å akseptere tilstanden som noe annet enn psykisk. Men nå foreligger forskning som viser det fysiologiske grunnlaget for tilstanden.

En annen sykdom som kan ha lignende symptomer er MPS. Men i motsetning til RSI er MPS blitt en etablert diagnose med vitenskapelige tester og en spesifikk behandling (se rapporten på sidene etter denne redegjørelsen).

2. Telegrafen var starten på informasjons- og kommunikasjonssamfunnet som forandret både arbeid og fritid for de fleste mennesker i den vestlige verden i det 20. århundre. Mennesket er med sin store hjerne ekspert på å tilpasse seg forskjellige miljøer. Ord som tradisjon og kultur beskriver menneskets oppsamlede viten som det tar i bruk i møtet med forskjellige miljøer. Nyttig kunnskap reduserer skadepotensialet i et nytt miljø. Denne kunnskapen kan integreres i folks hverdag og på den måten bli en del av vår kultur. En slik kultur skaper grobunn for et godt samfunn.

Men noen ganger klarer ikke mennesket å møte det nye miljøet med riktig kunnskap. Sjansen for at dette skal skje er større desto større forandringen er i miljøet. Hvis feilaktig kunnskap basert på gamle modeller blir integrert i et samfunns kultur kan det være skadelig i lang tid. Det er dessverre dette som har skjedd med SEB.

3. Ved SEB-tilstander uten vanlig betennelse er det ingen åpenbare kjennetegn på at man har en fysisk skade. Man må undersøkes av helsepersonell med spesiell utdannelse. Mange leger gikk derfor ut fra at disse pasientene var

arbeidssky eller led av depresjon. På 80-tallet begynte man å få klinisk erfaring som stred med en slik vurdering av SEB-pasienter. Pasientene hadde jobbet med små gjentatte bevegelser, ofte ved en datamaskin. Mange av pasientene var de mest arbeidsomme og iherdige medarbeiderne på arbeidsplassen sin. SEB-pasientene beskrev sine symptomer spesifikt og nøyaktig. Dette er ikke typisk for personer der det psykiske er det sentrale. Klinikere som for eksempel Emil Pascarelli og Janet Travell var sentrale i denne fasen. På 90-tallet kom forskning som ytterligere bekreftet disse tankene. Sentrale personer var forskere som for eksempel Dano Kambeyanda, David Simons, Jane Greening og Robert Gerwin. Det gikk mange år før de forskjellige SEB-tilstandene ble anerkjent i USA. I Norge er det fortsatt langt igjen. Men man har begynt å få bedre kunnskap, blant annet ved nevrofysiologisk laboratorium ved Rikshospitalet/Radiumhospitalet. En inngangsport til noe av denne forskningen er Travells triggerpunktmanual (1999, 2. utgave). Hvis man leser den første utgaven eller annen eldre forskning mister man den enorme utviklingen som har skjedd de siste 20 årene.

4. Med denne grunnmuren kan man begynne å nyansere en forståelse av psykiske aspekter ved SEB. Hovedårsaken til SEB er neppe psykiske problemer som depresjon eller psykiske konflikter som uttrykker seg som kroppslige symptomer. Men visse psykologiske aspekter er viktige ved utviklingen av SEB. For å forstå dette må man ha det spesielle miljøet i vår tid i bakhodet. I det miljøet vi lever i er det nærværet av visse psykologiske trekk som i stor grad bestemmer sannsynligheten for å få fysiske skader som følge av små gjentatte bevegelser. Disse psykologiske trekkene er for eksempel arbeidsomhet og pliktoppfyllenhet. Hvis en person er arbeidsom kan dette ofte ses som en forklaring på at personen jobber mye. Men dette er ikke en forklaring. Det er kun en beskrivelse av hva vi ønsker å forklare. På det groveste nivået kan arbeidsomhet hos en person forklares av miljø og/eller gener. Det genetiske betyr nok noe, men det er liten tvil om at den moderne

vestlige kulturen dyrker frem sykdomsproduserende arbeidsomhet og usunt karrierejag. Stikkord som beskriver jag-kulturen er for eksempel karrierejag, pengejag, tidspress og fremtidsfokus. Nåtidens ubehag skal ignoreres til fordel for fremtiden. Da det moderne arbeidsmiljøet, en jag-orientert kultur og en prehistorisk menneskekropp kolliderte ble resultatet en eksplosjonsartet økning i SEB.

Ved SEB kommer adferd før skade. Det som forårsaker en fysisk skade blir sjelden vektlagt i behandling. Hvis man brekker benet er det ikke viktig om det skjer i en fallskjermulykke (årsak: et ønske om opplevelser) eller om man blir dyttet i trappa. Hvis bruddet er komplisert og langvarig kan psykologisk behandling være til hjelp for å holde motet oppe og fremskynde helbredelsesprosessen noe. Men benet må gipses. Slik er det også med SEB. Hva som er årsak må ikke forveksles med hva som vil kurere. Det er som å hevde at det er umulig å si hva som kurerer et benbrudd fordi man ikke vet om årsaken er fysisk eller psykisk. Men en langvarig SEB-tilstand kan ha store psykologiske konsekvenser, blant annet angst og depresjon. Det er naturlig å se dette som en normal reaksjon på en vanskelig situasjon som er felles for alle som blir kronisk syke. Når en person med SEB blir deprimert, er det lett å tro at dette er årsaken til sykdommen. Men dette er ikke nødvendigvis riktig: Hvis en person med kreft er deprimert betyr ikke det at det var en depresjon som gjorde at personen ble syk. SEB-pasienter er ikke immune mot å bli for eksempel deprimert når livet blir snudd på hodet. Forskning viser at pasienter med SEB ofte mistrives på jobben, har lite kontroll over sin situasjon og så videre. Man skal være forsiktig med å trekke konklusjoner om årsak ut fra slik forskning. Disse faktorene kan like gjerne være konsekvenser av SEB.

Hvilke faktorer gjør at mennesker med SEB kan få psykologiske problemer? For det første er lidelsen som regel usynlig. Når mange i samfunnet i tillegg tror at SEB er et psykologisk problem er muligheten stor for at man blir møtt med liten forståelse når man forteller om problemer med å gjøre lette arbeidsoppgaver. Dette er noe av det mest psykologisk belastende for atskillige med SEB – mange sier at løsningen er å skjerpe seg.

5. Noe av det første man legger merke til i SEB-litteraturen er at man må stoppe med en gang man får vondt etter ensidige belastninger. I en artikkel står det at en hovedårsak til SEB er at pasienter venter for lenge med å oppsøke hjelpeapparatet. Dermed er det sannsynlig at utspill i media om å tåle smerter når man får symptomer har ført til en økning i skadeomfanget. For eksempel sa en fagperson i Aftenposten at folk ikke er vant til at det kan gjøre litt vondt når man arbeider. Dette er nok riktig i noen tilfeller, men er en altfor grov generalisering. Hvis miljøet har stor betydning burde det være vanskelig å finne entydige psykologiske faktorer som skiller dem som utvikler SEB og dem som ikke gjør det (bortsett fra at de jobber mye). En forskningsrapport bekrefter dette (se under). Årsaken kan være at svært mange faktorer kan frembringe SEB i vårt miljø. Når mange faktorer betyr like mye fremkommer det ikke et mønster fra årsaksforskning som er enkle å tolke. Miljøet er der som et bakteppe, men det er vanskelig å få øye på fordi man må snu problemstillingen på hodet: Fra mennesket til miljøet. Her følger et eksempel som viser hvor vanskelig det kan være å finne enkle årsaksfaktorer for pasientgrupper med SEB. Kari er alenemor med tilhørende bleieskift, hun har samlebåndsjobb og hun røyker (røyking minsker blodsirkulasjonen). Men hun har alltid vært en rolig person. Hans jobber i et IT-firma og programmerer hele dagen. På kveldstid arbeider han med et eget program som han håper skal slå an. I tillegg liker han dataspill og handler nesten alt på internett. Hans er nesten alltid stresset. Begge utvikler SEB, men av helt forskjellige grunner. Hans og Kari har lite felles, bortsett fra at begge har utført for mange gjentatte bevegelser uten pause. For eksempel er det mulig at en stresset personlighet er en viktig grunn til at Hans fikk SEB. Men selv om Kari er rolig fikk hun allikevel SEB.

Keller et al (1998) fant 27 årsaksfaktorer som var relatert til SEB. Ingen av dem var nødvendige eller tilstrekkelige for å utvikle SEB. Det interessante var at **antallet** risikofaktorer var avgjørende for om en person utviklet SEB. Dermed blir alminnelige synspunkter som for eksempel at stress eller dårlig helse er avgjørende for utviklingen av SEB rystet. Hvis man ikke er stresset kan man allikevel utvikle SEB. På en nettside ved Harvard University står det om en olympisk roer som fikk SEB. Slike tilfeller kan ikke brukes som bevis, men de styrker i hvert fall ikke en hypotese om at dårlig helse eller dårlig form er det eneste som er av betydning ved utviklingen av SEB.

6. Enkelte har hevdet at smertene etter SEB ikke blir borte fordi leger forteller sine pasienter at de har et alvorlig problem. Dette kalles for en nocebo-effekt (nocebo er det motsatte av placebo). Antagelsen er at man engster seg så mye at smertene ikke blir borte. Hvis dette er riktig har mange SEB-pasienter blitt fortalt at de lider av en alvorlig sykdom. Dette skal ha skjedd i Norge der svært få har tatt problematikken alvorlig. Hvis den ovennevnte teorien om nocebo hadde vært riktig ville løsningen på SEB vært enkel: Blås i hele problematikken. Det var nettopp det man prøvde å gjøre i mange år: Resultatet var mange hundretusen skadde i USA og kanskje over hundretusen i Norge.

Greening J, Smart S, Leary R, Hall-Craggs M, O'Higgins P & Lynn B 1999 Reduced movement of median nerve in carpal tunnel during wrist flexion in patients with non-specific arm pain. Lancet. Jul 17; 354(9174):217-8.

Keller K, Corbett J & Nichols D 1998 Repetitive strain injury in computer keyboard users: pathomechanics and treatment principles in individual and group intervention. J Hand Ther. Jan-Mar;11(1):9-26. Review.

Kontor- og Datateknisk Landsforening, EL og IT-forbundet m.fl. 1999 Undersøkelse om belastningsskader.

Levy BS & Wegman DH (2000) Occupational Health: Recognizing and Preventing Work-Related Disease and Injury, (4 ed.). Williams & Wilkins.

Simons DG, Travell JG, & Simons LS 1999 Travell and Simons' myofascial pain and dysfunction; the trigger point manual (2 ed.). Williams & Wilkins.

Et eksempel på en rapport

Dette er en rapport der konklusjonen er at jeg har somatiske skader. Statens senter for logopedi og fysio- og ergoterapeutene ved Sunnaas sykehus trekker samme konklusjon. Sistnevntes rapport er gjengitt i boka. Det kan godt tenkes at en helsearbeider kan bortforklare én av disse rapportene, men å overse alle er ikke lett. Men det viktige er at behandling etter disse prinsippene hadde effekt på meg. Etter en periode med modifisering og erfaring kom min fysioterapeut og jeg frem til en modell som ga svært gode effekter (se rehabiliteringsplanen i boka).

To Whom It May Concern: December 19, 2001

Mr. Grimshei has been a patient at the offices of Pain & Rehabilitation Medicine since May 24, 2001 for complaints of severe throat and bilateral upper quadrant pain. Prior to consulting Dr. Gerwin and me, Mr. Grimshei had been seen by many other clinicians in Norway and Canada, however, without any lasting benefit.

Following our initial evaluations, we concluded that Mr. Grimshei suffered from the consequences of severe myofascial pain syndrome particularly in the upper extremities, neck and shoulders. During his stay in Bethesda, we focused exclusively on these problems; Mr. Grimshei's throat dysfunction is beyond our clinical expertise. Dr. Gerwin did refer Mr. Grimshei to specialists at the George Washington University Hospital in Washington, D.C. and the Johns Hopkins University Hospital in Baltimore, MD.

I am a Dutch trained physical therapist with extensive training in the management of persons with myofascial pain syndrome. I have enclosed a copy of my curriculum vitae for your review. Since 1995, we have conducted numerous workshops training to other health care providers in the management of myofascial pain syndrome not only throughout the United States, but also in various European countries as well in the Middle East, South America, the Far East, etc. In April 2002, I am scheduled to teach a workshop in Copenhagen. As the current scientific status of research in myofascial pain syndrome is not widely known, I will take the opportunity to provide an overview of the main aspects of myofascial pain syndrome. I hope that this information and the update of Mr. Grimshei's status will facilitate that his physical therapy treatment will continue in Norway. It is my professional opinion that with the proper care Mr. Grimshei will be able to overcome his current impasse. That care will need to include extensive intramuscular stimulation, manual trigger point therapy, and eventually functional training. I have seen much evidence that Mr. Grimshei has legitimate dysfunction. While I was somewhat sceptical initially, after working with him for several months, there is no doubt that he has suffered from severe dysfunction associated with high levels of pain triggered by almost any activity. Although I had anticipated that he would have been more functional at the time of his discharge from our clinic, I am not discouraged and continue to believe that he eventually will return to normal functional activity.

The physical therapy program included extensive intramuscular stimulation initially in the muscles of the left upper extremity, later also in the bilateral shoulder muscles, post-cervical muscles, right upper extremity muscles and occasionally in the paraspinal muscles along the entire spine. On a few occasions, Mr. Grimshei's treatment included treatment of his biceps femoris muscle secondary to localized pain complaints. However, the majority of time was spent on the management of the upper quadrant myofascial pain syndrome.

Mr. Grimshei was very motivated to improve and eventually restore his functional abilities. In one session, we frequently treated as many as ten to fifteen muscles amounting to the invasive inactivation of perhaps thirty to fifty myofascial trigger points. Throughout the treatment period, significant progress was achieved. Where initially, Mr. Grimshei had multiple myofascial trigger points in the entire region, after a few months, the left arm was nearly asymptomatic. Significant progress was also observed in the other muscles. Mr. Grimshei had started a slow progressive functional conditioning program in an effort to gradually be able to use the upper extremities again. At the time of discharge from our program, Mr. Grimshei was able to use his arms and hands to some extend, although still far below normal functional levels. It is my understanding that Mr. Grimshei is planning to continue his physical therapy program in Norway and that he has identified a physical therapist who is somewhat familiar with dry needling or intramuscular stimulation. At any time, I am available via telephone or email to provide further information or guidance where needed.

I will proceed with providing some basic information about myofascial pain syndrome, a common condition that is poorly recognized in most European countries, with perhaps the exception of Germany and Switzerland. The main purpose of the following overview is to provide with a synopsis of the current knowledge base. It is my hope that the reader will interpret this letter as such. As indicated, the ultimate objective is to provide the means that Mr. Grimshei's treatment will continue in Norway.

During the last few decades, myofascial pain syndrome (MPS) has received much attention in the scientific and clinical literature. Already during the early 1940's, Dr. Janet Travell (1901-1997) realized the importance of MPS and its hallmark feature, the myofascial trigger point (MTrP). Recent insights in the nature, etiology and neurophysiology of MTrPs and their associated symptoms have propelled the interest in the diagnosis and treatment of persons with MPS worldwide (Vecchiet & Giamberardino 1999). Although several authors described what is now known as MPS, it was especially Dr. Janet Travell who detailed the characteristic referred pain patterns of nearly all the skeletal muscles through more than forty published papers culminating in the two-volume text entitled Myofascial Pain and Dysfunction - The Trigger Point Manual, which she co-authored with Dr. David Simons (Gutstein 1938; Travell et al. 1942; Travell & Rinzler 1952; Travell 1959; Travell & Simons 1992; Simons et al. 1999). The terminology and definitions formulated by Simons, Travell and Simons are most widely accepted and will be applied in this letter: Myofascial pain syndrome can be described as the sensory, motor, and autonomic symptoms caused by myofascial trigger points (Simons et al. 1999). An MTrP is clinically defined as a hyperirritable spot in skeletal muscle that is associated with a hypersensitive palpable nodule in a taut band. The spot is painful on compression and can give rise to characteristic referred pain, referred tenderness, motor dysfunction, and autonomic phenomena (Simons et al. 1999). Several studies have considered the interrater reliability of the MTrP examination, however, it was only recently established by Gerwin and colleagues (Nice et al. 1992; Wolfe et al. 1992; Njoo & Van der Does 1994; Gerwin et al. 1997c; Lew & Lewis 1997). Even in this study, a team of recognized experts could initially not agree. Only after developing consensus regarding the criteria, the experts did agree, which indicates that training is essential for the identification of MTrPs (Gerwin et al. 1997c).

The main criterion for MPS is the presence of an MTrP, that can only be identified by careful and systematic palpation of muscles. By definition, an MTrP is a localized spot of tenderness in a nodule of a palpable taut band of muscle fibers. Taut bands are examined by gently palpating a muscle perpendicular to the direction of the muscle fibers. They need to be differentiated from more generalized muscle spasms, that can be defined as electromyographic activity as a result of increased neuromuscular tone of the entire muscle (Janda 1991; Mense 1997). A taut band feels like a rope or string of contracted fibers, that may extend from one end of the muscle to the other end depending on the specific muscle architecture. Palpation along a taut band may reveal a nodule that is exquisitely tender and that with firm pressure stimulation may produce referred pain sensations in typical patterns for each muscle. These painful spots are known as MTrPs. Patients often recognize the localized or referred pain as their pain, and this recognition of pain is now considered one of the diagnostic criteria for active MTrPs in addition to the presence of a taut band and the MTrP itself (Gerwin et al. 1997c; Simons et al. 1999). Taut bands and MTrPs are found in asymptomatic individuals and are only considered clinically relevant when the patient recognizes the elicited pain or when the functional limitations imposed by the taut band contribute to mechanical dysfunction secondary to muscle shortening (Scudds et al. 1995; Gerwin & Dommerholt 1997a; Mense & Simons 2001).

Usually, generic muscle stretches are not adequate to release the contraction knots and more specific local stretches are required, such as manual trigger point pressure release, trigger point injections or dry needling (Gröbli & Dommerholt 1997). Hubbard and Berkhoff confirmed Weeks and Travell's earlier finding of the presence of specific electromyographic (EMG) activity in MTrPs. When studying the EMG activity of MTrPs in the trapezius muscle, they observed that this activity was greater than the EMG activity in a non-tender area of the same muscle. They recorded both low-amplitude continuous action potentials (10-50 microvolts) and intermittent spikes (100-600 microvolts) from active MTrPs, which were subsequently confirmed by others (Weeks & Travell 1957; Hubbard & Berkoff 1993; Simons et al. 1995b; Simons et al. 1995d; Hong & Yu 1998b). The continuous low-amplitude potentials were later defined as "spontaneous electrical activity" (SEA) to differentiate them from the intermittent spikes (Simons et al. 1995b). The SEA has now been identified as endplate noise (Simons 2001). In subsequent studies, Hubbard and colleagues described how the EMG activity of MTrPs increased as the result of psychological stress, a phenomenon they associated with direct involvement of the autonomic nervous system via the muscle spindle, it being the main sympathetically innervated muscle structure (McNulty et al. 1994; Hubbard 1996; Banks et al. 1998). Other autonomic symptoms frequently observed when palpating MTrPs include vasoconstriction, ptosis, a pilomotor response and hypersecretion (Hong & Simons 1998a). Several studies have now shown that the administration of the sympathetic blocking agent phentolamine significantly reduces the SEA of an MTrP, which provides further support that the autonomic nervous system is somehow involved in the pathogenesis of MTrPs (Hubbard 1996; Chen et al. 1998a; Simons et al. 1999).

In 1976 Simons and Stolov reported the finding of multiple MTrPs in one contraction knot of canine muscle, a finding recently confirmed using trigger point EMG (Simons & Stolov 1976; Simons et al. 1995b; 1995c; 1995d). By using high-sensitive recordings and a very slow insertion technique of a coaxial needle electrode into the trigger point area, multiple minute loci of an MTrPs could indeed be identified by eliciting the SEA. The site from which the SEA is recorded is now defined as the motor aspect or active locus. Hong proposed that MTrPs have a sensory and a motor component. The sensory locus or responsive locus is the site from which pain can be elicited (Hong 1993; 1994b; 1999). It is now known, that the active loci are dysfunctional motor endplates and the sensory loci are peripheral nociceptors (Hong & Simons 1998a; Hong 2000). The SEA found in the region of an MTrPs corresponds to an abnormal pattern of endplate electrical activity due to excessive acetylcholine activation of the postjunctional membrane, which can be caused by excessive release of acetylcholine or by an insufficient supply of cholinesterase (Liley 1956; Heuser & Miledi 1971; Ito et al. 1974). Of interest is that in the EMG literature, continuous endplate noise is thought to represent miniature endplate potentials of normal endplates. Simons reviewed physiological research data that demonstrated that these endplate noise potentials are abnormal and are due to an excessively high rate of release of acetylcholine (Simons 2001). This endplate noise is significantly related to MTrPs and may be a key factor in their pathogenesis (Simons et al. in press). The abnormal endplate activity does not disrupt normal neuromuscular transmission in the endplate itself (Kuan et al. 1998). Animal studies have confirmed that an active MTrP is indeed a dysfunctional motor endplate found in the belly of muscles (Simons et al. 1995c; Hong 1996). The administration of a calcium blocking agent or a neuromuscular blocking agent, such as botulinum toxin, decreased or sometimes even eliminated the SEA (Chen et al. 1998a; Chen et al. 1998b; Chen et al. 1998c; Lalli et al. 1998; Porta et al. 1998; Gerwin 2000b). The SEA does not appear to be dependent on spinal cord activity. Hong and Yu did not observe any significant changes in the SEA up to one hour following the transection of the peripheral nerve or the spinal cord (Hong & Yu 1998b). The excessive acetylcholine activation of the postjunctional membrane contributes to the formation of the contraction knots. Following the inactivation of cholinesterase, contraction knots appeared (Leonard & Salpeter 1979). From an etiological perspective, an MTrP may prove to be a cluster of electrically active loci each of which is associated with a contraction knot and a dysfunctional motor endplate in skeletal muscle (Simons et al. 1999).

Considering the advances made in EMG research of MTrPs, there should no longer be any doubt that MTrPs exist. EMG provides an objective method for studying MTrPs and has added much to the understanding of the nature of MTrPs. In addition, EMG has been used to study the phenomenon of the local twitch response (LTR) (Simons 1976; Fricton et al. 1985; Hong & Torigoe 1994; Simons & Dexter 1995a). The LTR is an involuntary reflex contraction of the taut band muscle fibers in response to either a snapping palpation or needling of the taut band or MTrP. Most research on the LTR has been conducted on rabbits (Hong 2000). Hong and Torigoe concluded that rabbits have trigger spots that are comparable to human MTrPs (Hong & Torigoe 1994). The LTR is a characteristic of an MTrP and is expressed as motor unit contractions only by fibers of the corresponding and sometimes other taut bands (Hong & Torigoe 1994; Hong & Hsueh 1996a). It is basically a spinal cord reflex, mediated through the spinal cord without supraspinal influences (Hong & Yu 1998b). Although the LTR phenomenon is significantly more likely to occur in MTrPs, eliciting an LTR is not essential for making a diagnosis of MPS. Eliciting an LTR manually or with needling can be difficult and is usually rather painful for the patient, which in itself suggests that an LTR perhaps originates from stimulation of sensitized nociceptors in the MTrP region rather than from mechanical stimulation (Gerwin et al. 1997c; Mense & Simons 2001). During the physical examination, an LTR confirms the presence of an MTrP. Eliciting an LTR during needling procedures is critical for the successful treatment of an MTrP (Hong 1994a). In 1997, Gerwin and Duranleau were able to objectively visualize the LTR using diagnostic sonography, following stimulation of an MTrP by insertion of a hypodermic needle (Gerwin & Duranleau 1997b). High resolution sonography was however, not sensitive enough to visualize the actual MTrP (Lewis & Tehan 1999).

The exquisite local tenderness of MTrPs is almost certainly due to a combination of neuroplastic changes within the spinal dorsal horn and peripheral sensitization of muscle nociceptors (Mense 1993). There is important evidence that the extreme sarcomeric contraction of MTrPs results in severe local hypoxia (Brückle et al. 1990). Hypoxia or ischemia results in the release of bradykinin. Bradykinin is known to activate and sensitize muscle nociceptors, which leads to inflammatory hyperalgesia, an activation of high threshold nociceptors associated with C fibers and an increased production of bradykinin. Furthermore, bradykinin stimulates the release of tumor necrosis factor (TNF-α), which activates the production of the interleukins IL 1 beta, IL 6 and IL 8. Especially IL 8 can cause hyperalgesia that is independent from prostaglandin mechanisms. IL 1 beta can also induce the release of bradykinin (Poole et al. 1999). The algogenic substances are thought to create an ongoing afferent barrage into the dorsal horn, which may result in central sensitization and the unmasking of sleeping receptors in the dorsal horn (Hoheisel et al. 1993; Mense 1994; Marchettini et al. 1996; Mense 1997).

Referred pain is not specific to MTrPs, but it is more common and much easier to elicit over MTrPs (Hong et al. 1996b). Normal muscle tissue and other body tissues may also refer pain to distant regions with mechanical pressure, i.e., the skin, zygopophysial joints, or internal organs, making referred pain elicited by stimulation of a tender location a non-specific finding. (Torebjörk et al. 1984; Dwyer et al. 1990; Neumann 1992; Scudds et al. 1995; Bellew 1996; Vecchiet & Giamberardino 1997; Hong & Simons 1998a). By mechanically stimulating an active MTrP, patients often report the development of referred pain, either immediately or after a ten to fifteen seconds delay. Mechanical stimulation may consist of manual pressure, needling of the MTrP, movement of the involved body region, and postural strains, such as forward head posture or pressure on the gluteal muscles in sitting. Usually, the pain in reference zones is described as a deep tissue pain of a dull and aching nature, however, not all patients describe referred pain as painful. Some patients report burning or tingling sensations in the typical referred pain zone (Mense 1993; Vecchiet et al. 1993; Vecchiet & Giamberardi 1997; Simons et al. 1999).

Referred pain is generated by a central mechanism dependent on peripheral input from the referred pain area (Laursen et al. 1998; Mense & Simons 2001). The ongoing afferent barrage into the dorsal horn, that results in central sensitization and the unmasking of sleeping receptors in the dorsal horn is also responsible for the referred pain phenomena (Hoheisel et al. 1993; Mense 1994; Marchettini et al. 1996; Mense 1997; Mense & Simons 2001). Normally, skeletal muscle nociceptors require high intensities of stimulation involving high-threshold mechanosensitive neurons, that do not respond to moderate local pressure, contractions or muscle stretches (Mense & Meyer 1985; Mense 1997). In MTrPs, low-threshold mechanosensitive neurons may also get activated (Bendtsen et al. 1996). Afferent input from MTrPs may result in spatial summation in the dorsal horn, and the appearance of new receptive fields, which means that input from previously ineffective regions can now stimulate the neurons (Hoheisel et al. 1993; Mense 1997). In other words, the population of dorsal horn neurons responding to the MTrP afferent input grows larger. The unmasking processes of interneurons of the dorsal horn are the pathophysiological basis of the modified convergence projection theory proposed by Mense (Mense 1994). As the interneurons communicate over various segments, pain may be experienced in regions outside the segmental innervation of the MTrP, which distinguishes Menses hypothesis from the conventional convergence theory (Ruch 1979; Mense 1993; 1994; Arendt-Nielsen et al. 1999). This mechanism may result in the referred pain phenomena and the formation of so-called satellite MTrPs in the area of the enlarged receptive field. A similar pattern occurs in the craniomandibular region. Many trigeminal brainstem nociceptive neurons receive convergent inputs from craniofacial afferents, that are involved in mediating deep pain. New and enlarged receptive fields were identified following the injection of mustard oil in the masseter muscle (Sessle et al. 1999). There is considerable evidence that both neurokinin and N-methyl-D-aspartate (NMDA) receptors are involved in triggering hyperalgesia and the MTrP-induced hyperexcitability of dorsal horn cells and brainstem nociceptive neurons (Hu et al. 1992; Mense & Hoheisel 1999; Sessle et al. 1999).

Combining all available supporting evidence of the existence of MTrPs, Simons has recently proposed an integrated trigger point hypothesis (Simons et al. 1999). The integrated trigger point hypothesis has evolved through several steps of progress since its first introduction as the energy crisis hypothesis in 1981 (Simons & Travell 1981). The hypothesis builds on the assumptions that excessively released acetylcholine from the motor nerve terminal causes miniature motor endplates potentials that produce the SEA observed with needle EMG of MTrPs and triggers a sustained depolarization of the postjunctional membrane. This process would increase the energy demand and possibly cause an energy crisis, which would explain the common finding of abnormal mitochondria in the nerve terminal, often referred to as ragged red fibers (Henriksson et al. 1993; Henriksson 1999). The sustained depolarization of the endplate postjunctional membrane would cause an excessive release of calcium from the sarcoplasmic reticulum to produce locally the extreme sarcomeric contractions. The original energy crisis hypothesis assumed that the excessive release of calcium was due to some traumatic event, such as a mechanical rupture of the sarcoplasmic reticulum or of the muscle cell membrane. Now it is known that any muscle trauma that initiates excessive acetylcholine release is sufficient to initiate the vicious cycle. The extremely shortened sarcomeres would impair the local circulation by compressing the capillary blood supply. The resultant increased metabolic demand and decreased energy supply would contribute further to the energy crisis and create an impaired calcium pump and local hypoxia. The calcium pump is responsible for returning intracellular calcium into the sarcoplasmic reticulum against a concentration gradient. The sustained sarcomere contraction does not require ATP once the myosin filaments have become entangled into the gel-like titin at the Z-line. Hypoxia would result in the release of sensitizing substances, such as bradykinin, that activate and sensitize peripheral nerve endings and autonomic nerves and release pain evoking substances including tumor necrosis factor and several interleukins.

Sensitization of peripheral nerve endings would also cause pain through the activation of NMDA and neurokinin. Induced autonomic nerve activity would explain the observed autonomic phenomena and contribute to the abnormal release of acetylcholine. The vicious cycle is complete (Simons et al. 1999). The integrated trigger point hypothesis is a work in progress and is beginning to be subjected to rigorous scientific review and verification. If this hypothesis is basically correct, MTrPs are primarily a muscle disease with secondary but important sensory, motor and autonomic phenomena.

The management of myofascial pain syndrome requires an intensive hands-on approach that combines not only manual trigger point therapy, but must in Mr. Grimshei's case also include intramuscular stimulation (also referred to as "dry needling").

Again, I would be delighted to assist any physician or physical therapist who will be working with Mr. Grimshei. In the mean time, I hope that my clinical update and the synopsis of the current knowledge base, will assist those clinicians who take it upon themselves to provide Mr. Grimshei with the physical therapy and medical management he so desperately needs and deserves.

Sincerely,

Jan Dommerholt

Selected references

Arendt-Nielsen L, Graven-Nielsen T, & Svensson P 1999 Assessment of muscle pain in humans - clinical and experimental aspects. J Musculoskeletal Pain, 7(1/2): 25-41

Aronoff GM 1998 Myofascial pain syndrome and fibromyalgia: a critical assessment and alternate view. Clin J Pain, 14(1): 74-85

Banks SL, Jacobs DW, Gevirtz R, & Hubbard DR 1998 Effects of authogenic relaxation training on electromyographic activity in active myofascial trigger points. J Musculoskeletal Pain, 6(4): 23-32

Barker D & Saito M 1981 Autonomic innervation of receptors and muscle fibres in cat skeletal muscle. Proc R Soc Lond B Biol Sci, 212(1188): 317-332
Barker D & Saed HH 1987 Adrenergic innervation of rat jaw muscles. J Physiol, 391: 114P

Barker D & Banks RW 1994 The muscle spindle In A. G. Engel & C. Franzini-Armstrong (Eds.), Myology; basic and clinical Vol. 1. New York: McGraw-Hill 333-360

Bartoo ML, Linke WA, & Pollack GH 1997 Basis of passive tension and stiffness in isolated rabbit myofibrils. Am J Physiol, 273(1 Pt 1): C266-276
Bellew JW 1996 Lumbar facets: an anatomic framework for low back pain. The Journal of Manual & Manipulative Therapy, 4(4): 149-156

Bendtsen L, Jensen R, & Olesen J 1996 Qualitatively altered nociception in chronic myofascial pain. Pain, 65: 259-264

Bohr T 1996 Problems with myofascial pain syndrome and fibromyalgia syndrome [editorial]. Neurology, 46(3): 593-597

Bohr TW 1995 Fibromyalgia syndrome and myofascial pain syndrome. Do they exist? Neurol Clin, 13(2): 365-384

Boyd IA 1976 The response of fast and slow nuclear bag fibres and nuclear chain fibres in isolated cat muscle spindles to fusimotor stimulation, and the effect of intrafusal contraction on the sensory endings. Q J Exp Physiol Cogn Med Sci, 61(3): 203-254

Brückle W, Sückfull M, Fleckenstein W, Weiss C, & Müller W 1990 Gewebe-pO2-Messung in der verspannten Rückenmuskulatur (m. erector spinae). Z. Rheumatol., 49: 208-216

Chen JT, Chen SM, Kuan TS, Chung KC, & Hong CZ 1998a Phentolamine effect on the spontaneous electrical activity of active loci in a myofascial trigger spot of rabbit skeletal muscle. Arch Phys Med Rehabil, 79(7): 790-794

Chen JT, Chen SM, Kuan TS, & Hong C-Z 1998b Inhibitory effect of calcium channel blocker on the spontaneous electrical activity of myofascial trigger point. J Musculoskeletal Pain, 6(Suppl. 2): 24

Chen SM, Chen JT, Kuan TS, & Hong C-Z 1998c Effect of neuromuscular blocking agent on the spontaneous activity of active loci in a myofascial trigger spot of rabbit skeletal muscle. J Musculoskeletal Pain, 6(Suppl. 2): 25

Coomber SJ, Tarasewicz E, & Elliott GF 1999 Calcium dependence of Donnan potentials in rigor: the effects of [Mg2+] and anions in isolated rabbit psoas muscle fibres. Cell Calcium, 25(1): 43-57

Czakanski PP, Giamberardino MA, Affaitati G, & Wesselman U 1998 A rat model of pelvic pain: behavioral characterization of true and referred visceral pain (abstract). J Musculoskeletal Pain, 6(2 (suppl)): 10

Dommerholt J & Gröbli C in press. Knee pain In L. Whyte-Ferguson & R. D. Gerwin (Eds.), Clinical mastery of myofascial pain syndrome. Baltimore: Lippincott, Williams & Wilkins

Dwyer A, Aprill C, & Bogduk N 1990 Cervical zygapophyseal joint pain patterns. I: A study in normal volunteers. Spine, 15(6): 453-457

Fassbender HG 1973 Morphologie und pathogenese des weichteilrheumatismus. Z Rheumaforsch, 32: 355-374

Fricton JR, Auvinen MD, Dykstra D, & Schiffman E 1985 Myofascial pain syndrome: electromyographic changes associated with local twitch response. Arch Phys Med Rehabil, 66(5): 314-317

Fricton JR 1990 Myofascial pain syndrome: characteristics and epidemiology. Adv Pain Res, 17: 107-128

Friden J & Lieber RL 1998 Segmental muscle fiber lesions after repetitive eccentric contractions. Cell Tissue Res Jul;, 293(1): 165-171

Fröhlich D & Fröhlich R 1995 Das Piriformissyndrom: eine häufige Differentialdiagnose des lumboglutäalen Schmerzes. Manuelle Medizin, 33: 7-10

Gautel M, Mues A, & Young P 1999 Control of sarcomeric assembly: the flow of information on titin. Rev Physiol Biochem Pharmacol, 138: 97-137

Gerwin RD & Dommerholt J 1997a. Treatment of myofascial pain syndromes In R. Weiner (Ed.), Pain management; a practical guide for clinicians Vol. 1. Boca Raton: St. Lucie Press 217-229

Gerwin RD & Duranleau D 1997b Ultrasound identification of the myofacial trigger point. Muscle Nerve, 20(6): 767-768

Gerwin RD, Shannon S, Hong CZ, Hubbard D, & Gevirtz R 1997c Interrater reliability in myofascial trigger point examination. Pain, 69(1-2): 65-73

Gerwin RD & Dommerholt J 1998 Myofascial trigger points in chronic cervical whiplash syndrome (abstract). J Musculoskeletal Pain, 6(Suppl 2): 28
Gerwin RD 2000a Myofascial pain In M. Grabois & S. J. Garrison & K. A. Hart & L. D. Lehmkuhl (Eds.), Physical medicine & rehabilitation; the complete approach. Malden: Blackwell Science 1066-1087

Gerwin RD. 2000b The use of botulinum toxin in musculoskeletal pain states. Paper presented at the Focus on Pain, Mesa, AZ

Giamberardino MA, Vecchiet L, & Berkley KJ 1998 Effects of endometriosis on pain behaviours induced by ureteral calculosis in female rats (abstract). J Musculoskeletal Pain, 6(2 (suppl)): 172

Giamberardino MA, Affaitati G, Iezzi S, & Vecchiet L 1999 Referred muscle pain and hyperalgesia from viscera. J Musculoskeletal Pain, 7(1/2): 61-69

Goulding D, Bullard B, & Gautel M 1997 A survey of in situ sarcomere extension in mouse skeletal muscle. J Muscle Res Cell Motil, 18(4): 465-472

Granzier H, Kellermayer M, Helmes M, & Trombitas K 1997 Titin elasticity and mechanism of passive force development in rat cardiac myocytes probed by thin-filament extraction. Biophys J, 73(4): 2043-2053

Grassi C & Passatore M 1988 Action of the sympathetic system on skeletal muscle. Ital J Neurol Sci, 9(1): 23-28

Gröbli C & Dommerholt J 1997 Myofasziale Triggerpunkte; Pathologie und Behandlungsmöglichkeiten. Manuelle Medizin, 35: 295-303

Gutstein M 1938 Diagnosis and treatment of muscular rheumatism. Br J Phys Med, 1: 302-321

Hendler NH & Kozikowski JG 1993 Overlooked physical diagnoses in chronic pain patients involved in litigation. Psychosomatics, 34(6): 494-501

Henriksson KG, Bengtsson A, Lindman R, & Thornell LE 1993 Morphological changes in muscle in fibromyalgia and chronic shoulder myalgia In H. Værøy & H. Merskey (Eds.), Progress in fibromyalgia and myofascial pain Vol. 6. Amsterdam: Elsevier 61-73

Henriksson KG 1999 Muscle activity and chronic muscle pain. J Musculoskeletal Pain, 7(1/2): 101-109

Heuser J & Miledi R 1971 Effects of lanthanum ions on function and structure of frog neuromuscular junctions. Proc R Soc Lond B Biol Sci, 179(56): 247-260

Hey LR & Helewa A 1994 Myofascial pain syndrome: a critical review of the literature. Physiother Can, 46(1): 28-36

Hoheisel U, Mense S, Simons D, & Yu X-M 1993 Appearance of new receptive fields in rat dorsal horn neurons following noxious stimulation of skeletal muscle: a model for referral of muscle pain? Neurosci Lett, 153: 9-12

Hong CZ 1994 a Lidocaine injection versus dry needling to myofascial trigger point. The importance of the local twitch response. Am J Phys Med Rehabil, 73(4): 256-263

Hong CZ & Hsueh TC 1996a Difference in pain relief after trigger point injections in myofascial pain patients with and without fibromyalgia. Arch Phys Med Rehabil, 77(11): 1161-1166

Hong CZ & Simons DG 1998a Pathophysiologic and electrophysiologic mechanisms of myofascial trigger points. Arch Phys Med Rehabil, 79(7): 863-872

Hong C-Z 1993 Myofascial trigger point injection. Critical Reviews in Physical Medicine and Rehabilitation, 5(2): 203-217

Hong C-Z 1994b Considerations and recommendations regarding myofascial trigger point injection. J Musculoskeletal Pain, 2: 29-59

Hong C-Z & Torigoe Y 1994 Electrophysiological characteristics of localized twitch responses in responsive taut bands of rabbit skeletal muscle. J Musculoskeletal Pain, 2: 17-43

Hong C-Z 1996 Pathophysiology of myofascial trigger point. J Formos Med Assoc, 95(2): 93-104

Hong C-Z, Chen Y-N, Twehous D, & Hong DH 1996b Pressure threshold for referred pain by compression on the trigger point and adjacent areas. J Musculoskeletal Pain, 4(3): 61-79

Hong C-Z & Yu J 1998b Spontaneous electrical activity of rabbit trigger spot after transection of spinal cord and peripheral nerve. J Musculoskeletal Pain, 6(4): 45-58

Hong C-Z 1999 Current research on myofascial trigger points - pathophysiological studies. J Musculoskeletal Pain, 7(1/2): 121-129

Hong C-Z. 2000. Studies of myofascial pain syndrome on the human and animal models: implications for the understanding and treatment of myofascial pain. Paper presented at the Focus on Pain, Mesa, AZ

Horowits R 1999 The physiological role of titin in striated muscle. Rev Physiol Biochem Pharmacol, 138: 57-96

Hu JW, Sessle BJ, Raboisson P, Dallel R, & Woda A 1992 Stimulation of craniofacial muscle afferents induces prolonged facilitatory effects in trigeminal nociceptive brainstem neurons. Pain, 48: 53-60

Hubbard DR & Berkoff GM 1993 Myofascial trigger points show spontaneous needle EMG activity. Spine, 18: 1803-1807

Hubbard DR 1996 Chronic and recurrent muscle pain: pathophysiology and treatment, and review of pharmacologic studies. J Musculoskeletal Pain, 4: 123-143

Ito Y, Miledi R, & Vincent A 1974 Transmitter release induced by a 'factor' in rabbit serum. Proc R Soc Lond B Biol Sci, 187: 235-241

Janda V 1991 Muscle spasm: a proposed procedure for differential diagnosis. J Manual Med, 6: 136-139

Kaunaite D 1998 Chest muscular pain syndrome in patients with coronary heart disease (abstract). J Musculoskeletal Pain, 6(2 (suppl)): 11

Kellermayer MS & Granzier HL 1996 Calcium-dependent inhibition of in vitro thin-filament motility by native titin. FEBS Lett, 380(3): 281-286

Kellermayer MS, Smith SB, Bustamante C, & Granzier HL 1998 Complete unfolding of the titin molecule under external force. J Struct Biol, 122(1-2): 197-205

Kellermayer MS, Smith S, Bustamante C, & Granzier HL 2000 Mechanical manipulation of single titin molecules with laser tweezers. Adv Exp Med Biol, 481: 111-126

Kellgren JH 1938 Observations on referred pain arising from muscle. Clin Sci, 3: 175-190

Kuan TS, Lin TS, Chen SM, Chen JT, & Hong C-Z 1998 Pathophysiological study of rabbit skeletal muscle trigger spot by single fiber electromyography (abstract). J Musculoskeletal Pain, 6(Suppl. 2): 23

Lalli F, Tambasco N, & Rossi A 1998 Treatment of myofascial pain with botulinum A toxin (abstract). Paper presented at the Fourth world congress on myofascial pain and fibromyalgia, Silvi Marina, Italy

Laursen RJ, Graven-Nielsen T, Jensen TS, & Arendt-Nielsen L 1998 The effect of differential and complete nerve block on referred pain - a psychophysical study (abstract). J Musculoskeletal Pain, 6(2 (suppl)): 12

Leonard JP & Salpeter MM 1979 Agonist-induced myopathy at the neuromuscular junction is mediated by calcium. J Cell Biol, 82(3): 811-819

Lew PC, Lewis J, & Story I 1997 Inter-therapist reliability in locating latent myofascial trigger points using palpation. Manual Therapy, 2(2): 87-90

Lewis J & Tehan P 1999 A blinded pilot study investigating the use of diagnostic ultrasound for detecting active myofascial trigger points. Pain, 79(1): 39-44

Lewis T & Kellgren JH 1939 Observations relating to referred pain, visceromotor reflexes and other associated phenomena. Clin Sci, 4: 47-71

Lieber RL, Thornell LE, & Friden J 1996 Muscle cytoskeletal disruption occurs within the first 15 min of cyclic eccentric contraction. J Appl Physiol, 80(1): 278-284

Liley AW 1956 An investigation of spontaneous activity at the neuromuscular junction. J Physiol, 132: 650-666

Lin TY, Teixeira MJ, Fischer AA, Barboza HF, Imamura ST, Azze RJ, & Mattar R 1997 Work-related musculoskeletal disorders In A. A. Fischer (Ed.), Myofascial pain; update in diagnosis and treatment Vol. 8. Philadephia: W.B. Saunders Company 113-118

Ljung BO, Forsgren S, & Friden J 1999 Sympathetic and sensory innervations are heterogeneously distributed in relation to the blood vessels at the extensor carpi radialis brevis muscle origin of man. Cells Tissues Organs, 165(1): 45-54

Marchettini P, Simone DA, Caputi G, & Ochoa JL 1996 Pain from excitation of identified muscle nociceptors in humans. Brain Res, 740(1-2): 109-116

McComas AJ 1996 Skeletal muscle form and function Champaign: Human Kinetics

McNulty WH, Gevirtz RN, Hubbard DR, & Berkoff GM 1994 Needle electromyographic evaluation of trigger point response to a psychological stressor. Psychophysiology, 31(3): 313-316

Mense S & Meyer H 1985 Different types of slowly conducting afferent units in cat skeletal muscle and tendon. J Physiol (363): 403-417

Mense S & Meyer H 1988 Bradykinin-induced modulation of the response behavior of different types of feline group III and IV muscle receptors. J Physiol (398): 49-63

Mense S 1993 Nociception from skeletal muscle in relation to clinical muscle pain. Pain, 54: 241-289

Mense S 1994 Referral of muscle pain: new aspects. Amer Pain Soc J, 3: 1-9

Mense S 1997 Pathophysiologic basis of muscle pain syndromes In A. A. Fischer (Ed.), Myofascial pain; update in diagnosis and treatment Vol. 8. Philadelphia: W.B. Saunders Company 23-53

Mense S & Hoheisel U 1999 New developments in the understanding of the pathophysiology of muscle pain. J Musculoskeletal Pain, 7(1/2): 13-24

Mense S & Simons DG 2001 Muscle pain; understanding its nature, diagnosis, and treatment Philadephia: Lippincott Williams & Wilkins

Mixter WJ & Barr JS 1934 Rupture of the intervertebral disc with involvement of the spinal canal. New Engl J Med, 211: 210-215

Mutungi G & Ranatunga KW 1996 Tension relaxation after stretch in resting mammalian muscle fibers: stretch activation at physiological temperatures. Biophys J, 70(3): 1432-1438

Neumann M 1992 Trunk Pain In P. P. Raj (Ed.), Practical management of pain. St. Louis: Mosby Year Book 258-271

Nice DA, Riddle DL, Lamb RL, Mayhew TP, & Rucker K 1992 Intertester reliability of judgments of the presence of trigger points in patients with low back pain. Arch Phys Med Rehabil, 73(10): 893-898

Njoo KH & Van der Does E 1994 The occurrence and inter-rater reliability of myofascial trigger points in the quadratus lumborum and gluteus medius: a prospective study in non-specific low back pain patients and controls in general practice. Pain, 58(3): 317-323

Paris SV & Loubert PV 1990 FCO; Foundations of clinical orthopaedics. St. Augustine: Institute of Physical Therapy

Paris SV 2000 A history of manipulative therapy through the ages and up to the current controversy in the United States. J Manual & Manipulative Ther, 8(2): 66-77

Partanen J 1999 End plate spikes in the human electromyogram. Revision of the fusimotor theory. J Physiol Paris, 93(1-2): 155-166

Passatore M & Filippi GM 1981 On whether there is a direct sympathetic influence on jaw muscle spindles. Brain Res, 219(1): 162-165

Passatore M & Filippi GM 1982 A dual effect of sympathetic nerve stimulation on jaw muscle spindles. J Auton Nerv Syst, 6(3): 347-361

Poole & al. e 1999 Hyperalgesia from subcutaneous cytokines In Watkins & Maier (Eds.), Cytokines and pain. Basel: Birkhaueser 59-87

Porta M, Valla P, Gamba M, & Ferro MT 1998 Muscle spasm, myofascial pain and treatment by botulinum toxin (abstract). J Musculoskeletal Pain, 6(2 (Suppl)): 54

Ramer MS, Thompson SW, & McMahon SB 1999 Causes and consequences of sympathetic basket formation in dorsal root ganglia. Pain, Suppl 6: S111-120

Rosomoff HL, Fishbain DA, Goldberg M, Santana R, & Rosomoff RS 1989 Physical findings in patients with chronic intractable benign pain of the neck and/or back. Pain, 37(3): 279-287

Ruch TC 1979 Pathophysiology of pain In T. C. Ruch & H. D. Patton (Eds.), Physiology and biophysics: the brain and neural function. Philadelphia: W.B. Saunders Company 272-324

Russell IJ 1999 Reliability of clinical assessment measures for the classification of myofascial pain syndrome. J Musculoskeletal Pain, 7(1/2): 309-324

Scudds RA, Landry M, Birmingham T, Buchan J, & Griffin K 1995 The frequency of referred signs from muscle pressure in normal healthy subjects (abstract). J Musculoskeletal Pain, 3 (Suppl 1): 99

Sessle BJ, Hu JW, & Cairns BE 1999 Brainstem mechanisms underlying temporomandibular joint and masticatory muscle pain. J Musculoskeletal Pain, 7(1/2): 161-169

Simons D 1996 Clinical and etiological update of myofascial pain from trigger points. J Musculoskeletal Pain, 4(1/2): 93-121

Simons DG 1975 Muscle pain syndromes - part 1. Am J Phys Med, 54: 289-311

Simons DG 1976. Electrogenic nature of palpable bands and "jump sign" associated with myofascial trigger points In J. R. Fricton & E. A. Awad (Eds.), Advances in pain research and therapy. New York: Raven Press 913-918

Simons DG & Stolov WC 1976 Microscopic features and transient contraction of palpable bands in canine muscle. Am J Phys Med, 55(2): 65-88

Simons DG & Travell J 1981 Myofascial trigger points, a possible explanation. Pain, 10(1): 106-109

Simons DG & Dexter JR 1995a Comparison of local twitch responses elicited by palpation and needling of myofascial trigger points. J Musculoskeletal Pain, 3: 49-61

Simons DG, Hong C-Z, & Simons L 1995b Prevalence of spontaneous electrical activity at trigger spots and control sites in rabbit muscle. J Musculoskeletal Pain, 3: 35-48

Simons DG, Hong C-Z, & Simons LS 1995c Nature of myofascial trigger points, active loci (abstract). J Musculoskeletal Pain, 3(Suppl 1): 62

Simons DG, Hong C-Z, & Simons LS 1995d Spike activity in trigger points. J Musculoskeletal Pain, 3(Suppl 1): 125

Simons DG, Travell JG, & Simons LS 1999 Travell and Simons' myofascial pain and dysfunction; the trigger point manual (2 ed.) Baltimore: Williams & Wilkins

Simons DG 2001 Do endplate noise and spikes arise from normal motor endplates? Am J Phys Med Rehabil, 80: 134-140

Simons DG, Hong C-Z, & Simons LS in press Endplate potentials are common to midfiber myofascial trigger points. Am J Phys Med Rehabil

Skootsky SA, Jaeger B, & Oye RK 1989 Prevalence of myofascial pain in general internal medicine practice. West J Med, 151: 157-160

Stockman R 1904 The causes, pathology, and treatment of chronic rheumatism. Edinburgh Med J, 15: 107-116

Stromer MH 1998 The cytoskeleton in skeletal, cardiac and smooth muscle cells. Histol Histopathol, 13(1): 283-291

Thompson JL, Balog EM, Fitts RH, & Riley DA 1999 Five myofibrillar lesion types in eccentrically challenged, unloaded rat adductor longus muscle--a test model. Anat Rec, 254(1): 39-52

Torebjörk HE, Ochoa JL, & Schady W 1984 Referred pain from intraneural stimulation of muscle fascicles in the median nerve. Pain, 18: 145-156

Travell J 1959 Symposium on mechanism and management of pain syndromes. Proc Rudolf Virchow Med Soc, 16: 128-135

Travell JG, Rinzler S, & Herman M 1942 Pain and disability of the shoulder and arm. J Am Med Assoc, 120: 417-422

Travell JG & Rinzler SH 1952 The myofascial genesis of pain. Postgrad Med, 11: 452-434

Travell JG & Simons DG 1983 Myofascial pain and dysfunction; the trigger point manual Baltimore: Williams & Wilkins

Travell JG & Simons DG 1992 Myofascial pain and dysfunction: the trigger point manual Baltimore: Williams & Wilkins

Vecchiet L, Giamberardino MA, & Dragani L 1990 Latent myofascial trigger points: changes in muscular and subcutaneous pain thresholds at trigger point and target level. J Manual Medicine, 5: 151-154

Vecchiet L, Dragani L, De Bigontina P, Obletter G, & Giamberardino MA 1993 Experimental referred pain and hyperalgesia from muscles in humans In L. Vecchiet & D. Albe-Fessard & U. Lindblom & M. A. Giamberardino (Eds.), New trends in referred pain and hyperalgesia Vol. 27. Amsterdam: Elsevier Science Publishers 239-249

Vecchiet L, Giamberardino MA, & de Bigontina P 1994 Comparative sensory evaluation of parietal tissues in painful and nonpainful areas in fibromyalgia and myofascial pain syndrome In G. F. Gebhart & D. L. Hammond & T. S. Jensen (Eds.), Proceedings of the 7th World Congres on Pain (Progress in Pain Research and Management) Vol. 2. Seattle: IASP Press 177-185

Vecchiet L & Giamberardino MA 1997 Referred pain: clinical significance, pathophysiology and treatment In A. A. Fischer (Ed.), Myofascial pain: update in diagnosis and treatment Vol. 8. Philadelphia: W.B. Saunders Company 119-136

Vecchiet L, Pizzigallo E, Iezzi S, Affaitati G, Vecchiet J, & Giamberardino MA 1998 Differentiation of sensitivity in different tissues and its clinical significance. J Musculoskeletal Pain, 6(1): 33-45

Vecchiet L & Giamberardino MA 1999 Introduction: the fourth world congress on myofascial pain and fibromyalgia, MYOPAIN '98, Silvi Marina [TE], Italy, August 24-27, 1998. J Musculoskeletal Pain, 7(1/2): 1-3

Vigoreaux JO 1994 The muscle Z band: lessons in stress management. J Muscle Res Cell Motil, 15(3): 237-255

Wang K, McClure J, & Tu A 1979 Titin: major myofibrillar components of striated muscle. Proc Natl Acad Sci U S A, 76(8): 3698-3702

Wang K, McCarter R, Wright J, Beverly J, & Ramirez MR 1993 Viscoelasticity of the sarcomere matrix in skeletal muscles. The titin-myosin composite filament is a dual-stage molecular spring. Biophys J, 64: 1161-1177

Wang K 1996 Titin/connectin and nebulin: giant protein rulers of muscle structure and function. Adv Biophys, 33: 123-134

Wang K & Yu L. 2000 Emerging concepts of muscle contraction and clinical implications for myofascial pain syndrome (abstract). Paper presented at the Focus on Pain, Mesa, AZ

Weeks VD & Travell J 1957 How to give painless injections, AMA Scientific Exhibits. New York: Grune & Stratton 318-322

Weissmann RD 2000 Überlegungen zur Biomechanik in der Myofaszialen Triggerpunkttherapie. Physiotherapie, 35(10): 13-21

Wesselman U & Lai J 1998 Mechanisms of referred visceral pain - studies in a rat model of pelvic pain (abstract). J Musculoskeletal Pain, 6(2 (suppl)): 9

Wickiewicz TL, Roy RR, Powell PL, & Edgerton VR 1983 Muscle architecture of the human lower limb. Clin Orthop, 28(179): 275-283

Wolfe F, Simons DG, Fricton J, Bennett RM, Goldenberg DL, Gerwin R, Hathaway D, McCain GA, Russell IJ, Sanders HO, & et al. 1992 The fibromyalgia and myofascial pain syndromes: a preliminary study of tender points and trigger points in persons with fibromyalgia, myofascial pain syndrome and no disease. J Rheumatol, 19(6): 944-951

Yaksh TL, Hua XY, Kalcheva I, Nozaki-Taguchi N, & Marsala M 1999 The spinal biology in humans and animals of pain states generated by persistent small afferent input. Proc Natl Acad Sci U S A, 96(14): 7680-7686

Yaksh TL. 2000 New developments in the pharmacologic management of pain. Paper presented at the Focus on Pain, Mesa, AZ

Forfatterens bakgrunn

Jeg ble syk ved slutten av profesjonsstudiet i psykologi ved Universitetet i Oslo. Da jeg ikke klarte å gå til undervisning begynte jeg med grunnarbeidet til en doktorgrad. Jeg har også studert statistikk, livssyn, etikk og sosiologi, blant annet i USA. I tenårene var jeg i norgestoppen i kombinert. Som komponist har jeg utgitt over 50 musikkstykker, blant annet på Kirkelig Kulturverksted. Låtene har blitt brukt av NRK, TV 2 og på utenlandske samleplater.

Jeg har skrevet litteratur som brukes som pensum ved enkelte høyskoler i Norge:

1. Elektronisk Ekstase, Oslo kommune, Rusmiddeletaten, 2000, ISBN: 82-991456-8-6. Den finnes på enkelte bibliotek. Man kan finne ut hvor den er tilgjengelig ved å søke på Bibsys.

2. Drug Taking in Subcultures, Universitetet i Oslo, 2000. ISBN: 82-569-1760-1. Både vanlig trykk og digital utgave er tilgjengelig her: lulu.com/content/291923.

Kontakt meg gjerne på e-post: Christian@stekevirkelighet.com